白熱ビール教室

杉村啓

絵＝アザミユウコ

星海社

87
SEIKAISHA SHINSHO

CHAPTER 1 第1章

オリエンテーション

むむ先生!!
こんな所で会うなんて…!
あっ うちの助手です
よかったら一緒に飲む?
ハイ! となりのかわいいちは どなたですか?
ビール友達の悪人ちゃん
こんにちは
ビール大好き悪人ちゃんでーす♡
席あいててよかったやー
二人は何飲んでるんですか?
カクテルか何か?

ビールです
えっ
それもこれもビールなんですか!?
こっちは赤いし
こっちはピンクだし
おやおや
ほんとにビール？
ビールのことあまりご存知ないようですね
ようですね
キラーン☆
はっはい

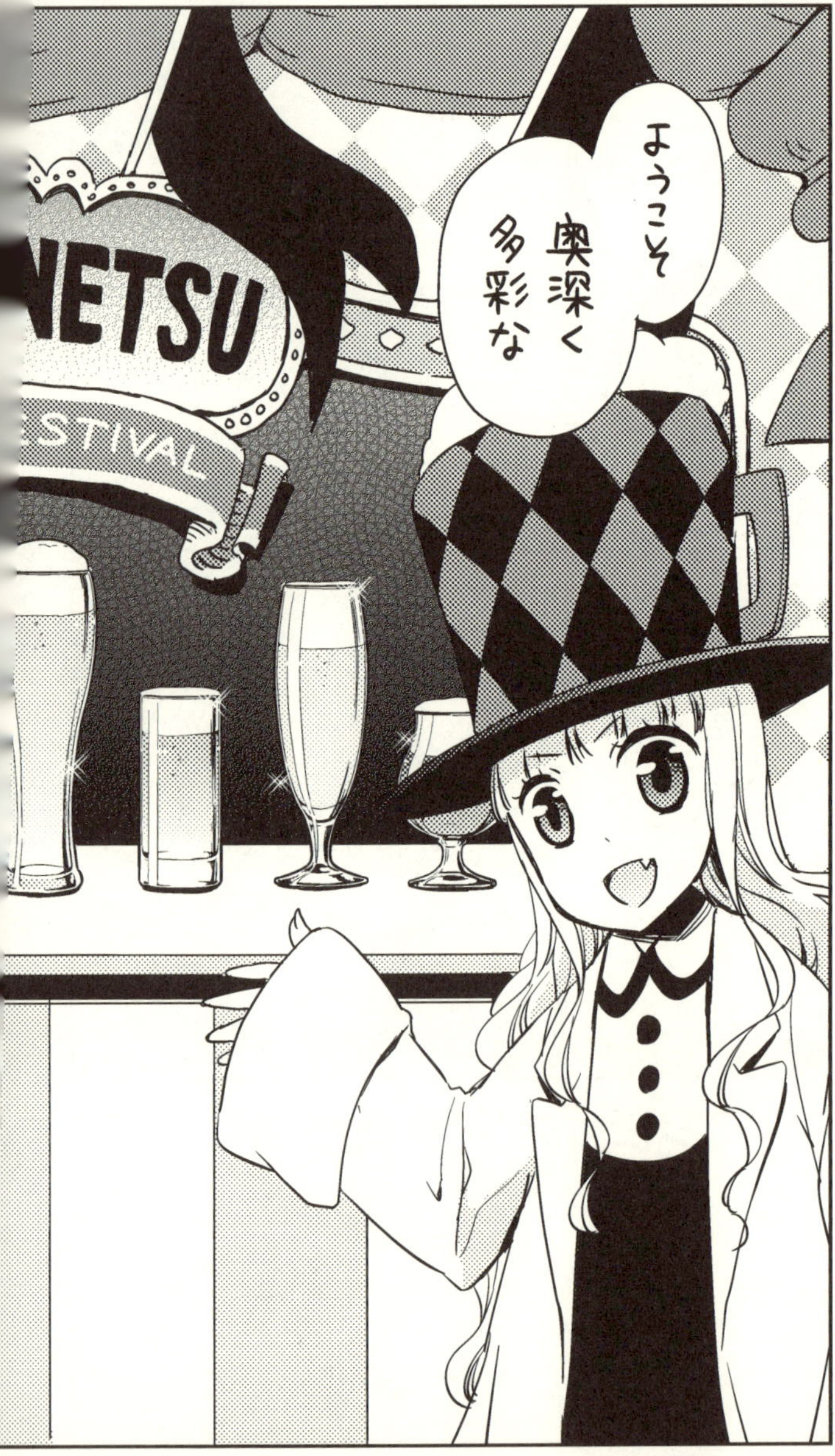
ようこそ
奥深く
多彩な
NETSU
STIVAL

ビールの世界へ！
HAK
BEER・

ビールって
どれもあんまり
変わらない気が…
ビールの味というか…
まあまあ
飲んでみたら
わかるよ
うんうん
あれっ
全然
味が違う…!!
ビールスタイルは
160種以上
あると
言われています
から…
味わいは
多彩
なんですよ
そんなに
あるんですか!
なんだか
楽しそう!
ビールのこと もっと
知りたくなってきました!
それでは
知れば知るほど
面白い
ビールの世界へ
行ってみましょう!

1 時間目

いま、日本のビールは黄金期を迎えつつある！

はじめての方ははじめまして。おひさしぶりの方はおひさしぶりです。お酒のことなら何でもおまかせな、むむ教授です。ようこそ白熱ビール教室へ！

この講義では全24時間にわたって、今のビール、特に黄金期を迎えつつあると言っても過言ではない日本のビールについて語っていきます。ビールは好きだけれども、漠然と飲んでいて詳しいことはあまりよくわかっていない。お店で「とりあえずビール！」と頼んでいるけれど、もうちょっとこだわって飲んでみたい。苦いだけと思っていたけれども、そうじゃないビールを飲んで驚いたのでその正体を知りたい。どんなビールが好きなの？と聞かれてもうまく答えられない。そういうビール初心者に向けての講義です。一緒にビールについて学んでいきましょう。

1時間目のテーマは「いま、日本のビールは黄金期を迎えつつある！」です。え、そうなの？　と思う方もいるかもしれません。でも本当に近年、特に2010年代に入ってからは次々と新しいビールが登場し、いろいろな種類のビールを飲めるお店が増え、毎月のようにイベントが開催されているのです。はっきり言ってしまいましょう。今ビールを飲まないのはもったいない！　そう断言できるぐらい、日本のビールは最高潮に盛り上がっているのです。お酒が好きな人でも、少し興味を持っているぐらいの人でも、この流れに乗らない手はありません！　その理由を具体的に見ていきましょう。

まず大きいのは「クラフトビール」が盛り上がってブームになっていることです。クラフトビールとは、細かい定義は後々説明しますが、「比較的小規模な醸造所で職人が丹精込めて造る個性的なビール」といわれています。いわゆる大手メーカーの造っている黄金色のビールではなく、個性的な味わいを持ったビールと考えてもらうといいでしょう。1960年代後半からアメリカで広まったクラフトビールブームが2000年代後半から徐々に若者に支持され、日本でも定着しつつあります。酒屋さんやスーパーでもさまざまな国のビールが買えるようになり、世界中のビールを飲めるビアバー・ビアパブ・ビアホールもずいぶん増えました。コンビニエンスストアで24時間クラフトビールを購入することもできてしまいます。もちろん、日本製のクラフトビールも次々と誕生し、高い評価を得ています。

クラフトビールが個性的といっても、なかなか味を想像しにくいという人もいるでしょう。せいぜいが苦味が強かったり、逆に苦味があまりなくてスッキリしたビールなのでは、と考えているのかもしれません。でも、世界のビールはもっともっと想像を超えた多彩さを持っています。たとえばトロピカルフルーツのような香りのビール、チョコレートの風味のビール、スパイシーな刺激を感じるビール、びっくりするほど酸味の強いビール、濃厚な甘味を持ったビール、アルコール度数がワイン並みに高いビール……さまざまな味わいのものがあります。中には一見普通のビールだけれども、醸造所の人の髭から採取した酵母で造ったという、髭ビールすらあります。もちろん、どれもこれもおいしいものです。

二つ目はその日本製クラフトビールの多彩さとクオリティの高さです。過去に日本で起きた個性的なビールのブームには、1990年代に起きた「地ビール」ブームがありました。詳しくはこのあとの2時間目でお話ししますが、当時はたくさんのビール醸造所が乱立し、さまざまな地ビールが誕生しています。そうしてできた「地酒」ならぬ「地ビール」ブームはいろいろあって終焉。地ビール蔵もかなり減りました。ぶっちゃけていいますと、適当に参加したところも多く、そこで造られるビールのクオリティもいまいちだったというのも要因の一つだったりします。今のビールのおいしさと盛り上がりを見ている人からすると、ブームの終焉があったということが信じられないかもしれませんね。

でも、その頃にもクオリティの高いビールを造る醸造所はありました。当時から今にいたるまで造り続けてきたビールは進化し、とてもおいしく、日本国内のみならず世界中で高い評価を得ているのです。現在では国際的なコンペティションで、毎年日本のクラフトビールがいくつも入賞しています。さらに加えて、地ビールブーム終焉の後に造られた醸造所のビールも高い評価を得てきています。

日本のクラフトビールは、いわゆる「日本ビール」みたいなものが1種類だけあるというわけではありません。各醸造所では世界中で造られているさまざまなスタイル（ビールの種類）を造っています。それどころか、各地の名産品を使った独自のビールすらあります。抹茶が溶け込んだビール、昆布でとったダシで造るビール、醸造中にコーヒー豆を漬け込んだビール、甘酒をブレンドしたビール……どうでしょう。どんな味わいなのか、飲んでみたいと思いませんか？　こういったかなり多彩で独創的なビールも造られているため、日本のビールを飲むだけでも、必ずや好みに合うビールと巡り会うことができるでしょう。そしてさらにまた、クラフトビールの醸造所は年々増えてきているのです。

これらのビールを楽しむ環境も整っています。毎月のように日本各地でビールイベントが開催されているからです。ビールイベントでは、さまざまな日本のクラフトビール醸造所が集まり、これでもかとビールを堪能することができます。大がかりなホールでやるものから、商店街を丸ごと使ったもの、スーパーやデパートで開催されるものまでたくさんあります。今の日本は多彩なビールとそれを気軽に楽しめる最高の環境にあると言えるでしょう。

ビールが盛り上がっている理由の三つ目は、クラフトビールではない、いわゆる大手メーカーのビールも高評価を得ているということです。日本における大手ビールメーカーとは、アサヒビール、キリンビール、サッポロビール、サントリービールの四大メーカーを指します。それらのビールのクオリティも向上していて、おいしくなっているのです。

私の主観だけでおいしくなっていると言っているわけではありません。たとえばアサヒビールの『アサヒスーパードライ』は日本で一番売れているビールです。このビールが2014年に開催されたワールドビアカップにおいて、International-Style Lager部門で金賞を受賞しました。ワールドビアカップは1996年から2年ごとにアメリカで開催されている世界最大級のビールコンテストです。日本の大手ビールの代表的なビールが、世界的に認められたということですね。もちろん、それ以外にもアサヒスーパードライは過去にさまざまな賞を受賞していますし、他の会社のビールもたくさん受賞しています。日本のビールは急においしくなったわけではなく、昔からクオリティが高く、そして少しずつ時流に合わせて味わいを変えておいしさを保っているのです。

さらには、最近は各社がそれぞれ個性的なビールを造っていて、新製品が次々登場してくるのも見逃せません。キリンビールがセブン&アイ・ホールディングスと共同開発した『グランドキリン』のシリーズは、その代表的な存在でしょうか。サッポロビールの『ヱビスビール』や、サントリービールの『ザ・プレミアム・モルツ』も季節ごとに新商品が登場しています。毎月のように新しいビールを飲むことができるというのは、よくよく考えてみるとすごく贅沢なことですよね。

どうでしょうか。ちょっと面白そうだなと思いませんでしたか？　新しい技術と情熱とで、クラフトビールや大手のビールを問わず次々と個性的なビールが生み出されているということと、それを気軽に楽しめるお店やイベントがたくさんあるという「ビールを体験したり購入できる環境」までそろっているのが、今の日本なのです。ここまでお膳立てが整っていれば、あとは飛び込むだけ。ビールにどっぷり漬かって楽しみましょう。

ただ、今のビールは種類が豊富なため、「とりあえずビール」ではちょっともったいないことになります。ビールの種類を表す「スタイル」は全部で160種類以上あるといわれています。そうなると、漠然と飲んでいるだけではそのうちの少しだけしか味わえないということになってしまいかねません。せっかく飲むのだったら、さまざまな味わいを試してみて、自分の好みの味を探したいですよね。そのためにも、これから一緒にビールについて勉強していきましょう。

とはいっても、ものすごく専門的なことまで覚える必要はありません。これから始まる講義では、今の日本でビールを楽しむための知識を必要な分だけお話ししていきます。知れば知るほど面白いビールの世界へようこそ！

1
時間目

SUMMARY

まとめ

クラフトビールブームにより、
世界中のビールを楽しめる

日本のクラフトビールもかなり多彩

大手メーカーのビールも進化を続けている

ビールを体験したり購入したりする
環境は整っている！

黄金期を迎えつつある
ビールを楽しもう！

目次

むむ教授（むむ先生）
見た目はかわいらしいが、
お酒はめっぽう詳しいぞ！
『白熱日本酒教室』『白熱洋
酒教室』も好評発売中！

助手
むむ教授に見いだされて助手になる。お酒好きで、ただいま鋭意勉強中！

悪人ちゃん
むむ教授の飲み友達。ビールにとても詳しい！

第4章 飲み手目線でビールを見てみよう 136

の基本を学ぼう

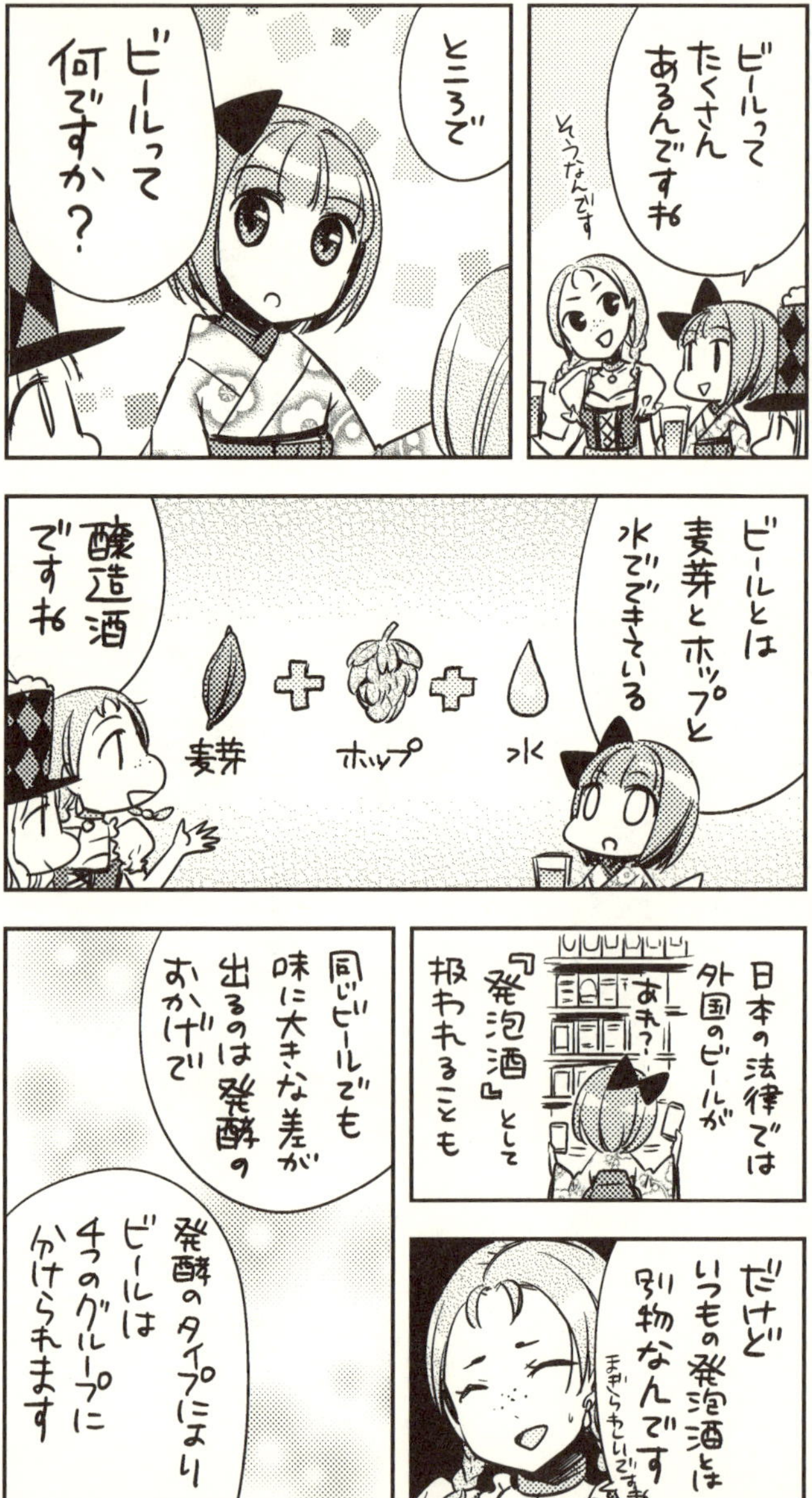
ビールって たくさん あるんですね
そうなんです
ところで
ビールって 何ですか？
ビールとは 麦芽とホップと 水でできている
麦芽
ホップ
水
醸造酒 ですね
日本の法律では 外国のビールが 『発泡酒』として 扱われることも
あれっ
だけど いつもの発泡酒とは 別物なんです
まぎらわしいですね
同じビールでも 味に大きな差が 出るのは発酵の おかげで
発酵のタイプにより ビールは 4つのグループに 分けられます

CHAPTER 2 第2章 まずはビール

ラガー
下面発酵
低温で醸造し、低温で貯蔵
・黄金色で純白の泡
・爽快なのどごし
日本の伝統的なビールはラガーの中のピルスナーというスタイル
エール
上面発酵
常温醸造
・複雑で華やかな香り
・麦芽による香ばしさ
・泡が少ない
自然発酵
自然界にある酵母をとり込んで醸造
ランビックやグーズなど
KRIEK
ハイブリッドビール
ラガーとエールのいいとこどり
フルーツビール
天然果汁もしくはフルーツ香料を入れる
ビールって何でもありなんですね！
おおっ
意外!!

2時間目

そもそもビールってなあに？

1時間目では、今の日本のビールがどれだけ盛り上がっているのかについてお話ししました。2時間目からは本格的な勉強が始まります。まずはビールの基本とも言える事柄について、学んでいきましょう。

というのも、一口に「ビール」と言っていますが、ビールは非常に幅が広いお酒なのです。黒ビール、白ビール、地ビール、クラフトビール、フルーツビール……どれもこれも、「ビール」という名前がついていますよね。これらは全て同じお酒なのでしょうか。何かちょっと違う気もしますよね。というわけで、まずは「ビールとは何か」というお話からしていくことにします。

日本における「ビール」の定義

はっきり言ってしまうと、ビールの定義は非常に難しいのです。多くの方は、ビールとは麦のお酒というイメージを持っているでしょう。お酒には原料を酵母で発酵させて造る「醸造酒」と、醸造酒を蒸留して造る「蒸留酒」とがあります。このあとたびたび登場しますが、お酒、つまりアルコールを造るためには酵母という微生物の発酵を利用します。酵母は発酵で「糖を食べてアルコールと二酸化炭素に分解する」ということを行います。科学的に何かの薬品を加えたり混ぜたりするとお酒ができあがるというわけではありません。酵母による生命活動の結果、お酒ができあがるのです。何を原料に発酵させたお酒かということで種類が分かれ、たとえばワインはブドウを原料にして発酵させたお酒、日本酒は米を原料にして発酵させたお酒です。麦のお酒であるビールは「麦を原料にして発酵させた醸造酒」ということができそうです。

でも、市販されているビールの原材料を見てみると、米だったりコーンスターチといった麦以外のものが入っているものがあるのに気づくかもしれません。麦だって大麦と小麦とライ麦とがありますし、麦だけで造られたお酒といってしまうと少し不正確な気もします。フルーツビールに至っては、フルーツが入っていますよね。これも麦だけのお酒じゃなさそうなのに、ビールです。果たしてビールとはいったい何なのでしょうか。

困ったときは法律を見てみましょう。日本の法律による「ビールの定義」は酒税法を見るとわかります。

次に掲げる酒類でアルコール分が二十度未満のものをいう。

イ　麦芽、ホップ及び水を原料として発酵させたもの

ロ　麦芽、ホップ、水及び麦その他の政令で定める物品を原料として発酵させたもの
（その原料中当該政令で定める物品の重量の合計が麦芽の重量の百分の五十を超えないものに限る。）

（酒税法第三条十二項）

そのままだとちょっとわかりにくいかもしれませんので、少し簡単にしてみます。

★麦芽（モルト）とホップで発酵させたお酒

★麦芽（モルト）の代わりに副原料を使ってもいい（ただし量は麦芽の半分まで）

「麦芽」や「ホップ」については、8時間目で詳しく説明します。今の段階では、麦がちょっとだけ発芽した麦芽（ビールの宣伝で「モルト100％」とある、あのモルトです）と、ハーブの一種であるホップ（苦味や香りのもとになります）がビールの主な原料であると考えてください。これらを発酵させたものが、ビールです。

「副原料」とは米やコーンスターチなどの穀物です。これは、麦芽の代わりにビールの原料として使うことができます。でも、ビールはあくまで麦芽がメインなので、これらは味を補う「副原料」なのです。

酒税法で取り扱う「お酒」はアルコール度数1％以上のものを指しているので、1％から20％未満の範囲でこれらの条件を満たしたものを「ビール」と呼んでいます。この範疇に入らないものは「発泡酒」などと呼ばれます。

日本のビールの「副原料」

ここで副原料について少し詳しくお話ししておきましょう。なぜ副原料を使うのかというと、それはビールの味の調整のためです。日本でビール造りの副原料として認められているのは「麦」「米」「とうもろこし」「こうりゃん」「ばれいしょ」「でんぷん」「糖類」「着色料」です（執筆当時）。お酒を造るときの発酵で覚えておいて欲しいポイントは、前にも出てきたように「糖を発酵させるとアルコールと二酸化炭素になる」です。副原料として加えられるものに糖分やでんぷんが多いのは、発酵時に酵母が食べるもの、つまりアルコールの原料になるものを加える意味があるからです。原料は全て発酵で分解されるわけではなく、残った分がお酒の風味に影響を与えます。さまざまな原料を使うことで、味わいに変化が生まれるのです。

すでに麦芽を使っているのに、「麦」を副原料として使うというのは少し変に感じるかもしれません。基本的にビールは麦芽で造ります。それは、芽が生えることで麦の中のでんぷんを糖に分解する酵素が生まれるからです。麦は芽が出ている状態の麦芽でないとビールとして認められていませんでした。ですが、平成15年からは麦も副原料として認められています。この麦は大麦だけでなく、小麦、ライ麦なども使用されることがあります。

「米」や「とうもろこし」は副原料として多く使われています。どちらもデンプンを豊富に含んでいて、デンプンを補充するために用いられます。とうもろこしはデンプン部分のコーンスターチを使うことも多いです。「糖類」は主にコーンスターチを酵素によって糖分に分解したコーンシロップを用います。これらは麦芽ほど旨味を持っていないため、加えることで味をすっきりとさせたり、香りを調整することができます。

「着色料」は、カラメルです。デンプンから作られた糖を加熱してできるカラメルを加えることで、ビールに独特な色と味、香りを与えます。ちなみに、黒ビールはローストした麦芽を使うことで色が出ていることが多く、必ずしも着色料を使っているわけではありません。

ビールは基本的には麦芽を使っています。麦芽を使うことで、ビールらしい香りやコクが出てくるのです。なので、モルト100％や麦芽100％と書かれているビールは芳醇な香りとコクがある味わいなのです。

麦芽比率が低い、つまり副原料を使っている場合は、香りやコクが抑えられると考えればいいでしょう。こう言うと悪いことのように聞こえますがそうではありません。スッキリとした飲み口や、のど越しの爽快さ、キレのある後味などは副原料を使ったビールの方が上なのです。副原料を用いるのが味の調整のためというのは、このことなのですね。

ここまでお話ししたようなビールの定義、副原料の定義では、残念ながら世界のビールには対応できません。たとえばベルギービールの中にはフルーツを副原料として使ったものがあります。これはベルギーではビールだけれども、日本の法律上では「ビールではない」という扱いになります。

クラフトビール？　地ビール？

そしてさらにややこしいのが、クラフトビールです。現在のクラフトビールの潮流は、アメリカから起きました。ビールというとヨーロッパのイメージがあるかもしれませんが、アメリカからのブームなのですね。なので用語や定義はアメリカのものが参考になります。

クラフトビールという言葉からは「手作りの」とか「工芸品のような」ビールというイメージがあるでしょう。1時間目では「比較的小規模な醸造所で職人が丹精込めて造る個性的なビール」と紹介しました。実はこれは正確ではありません。アメリカのBrewers Association という団体の定義によると、Small（小規模）、Independent（独立性）、Traditional（伝統的）の3つの要素を兼ね備えている醸造所の造るビールだけが、クラフトビールと認められます。

小規模とは生産量で判断されます。６００万バレル以下の生産量だと、小規模な醸造所となります。アメリカのアルコール類の１バレルは約１１７リットル。つまりリットルに換算すると70万キロリットル以上ですから、これは日本では小規模とはいえませんよね。ちなみに誤解がないように補足すると、アメリカでもこれだけの規模の醸造所は少ないです。アメリカではビール造り免許取得のための年間最低生産量の下限値がないため、小規模醸造者がたくさんいて面白いビールを造っています。それがアメリカのクラフトビールブームの一端であることは間違いありません。

独立性とは、クラフトビールメーカー以外の酒造メーカーがオーナーだったり、そのコントロール下にあったりしてはならないという意味です。他のメーカーの言葉に左右されて造るビールが違ってきてはならないということですね。日本だと日本酒の蔵が造っているビールも多いのですが、日本酒蔵だとクラフトビールメーカー以外の会社がオーナーという条件に当てはまってしまい、クラフトビールと名乗れなくなってしまいます。

そして伝統的という部分ですが、これは主力商品が麦芽１００％のビールであること、とされています。少なくとも商品の半数以上が麦芽１００％のビールであるか、ビールのフレーバーを強めるための副原料を使っているビールである、とされています。

このように、アメリカの定義をそのまま日本に当てはめようとしても、うまくいきません。日本には、日本独自の「クラフトビール」の定義が必要なのです。

また、クラフトビールに似た言葉で「地ビール」があります。地ビールブームの発端は1994年。酒税法が改正され、ビール製造免許取得の条件が緩和されました。それまでは年間2000キロリットル造らなければならなかったところを、60キロリットル造ればいいとされたのです。これにより、大手メーカー以外の小規模な醸造所がビールを造ることができるようになりました。先ほどのアメリカの定義と比べると、こちらはきちんと小規模という感じですよね。

そうやって地ビールを造る醸造所が増えましたが、その当時の地ビールの質は玉石混淆でした。ブームを当て込んで、適当に参画した醸造所も多かったのです。地ビールブームは起きはしたのですが、残念ながら一度ブームは終焉を迎えました。なぜ終わってしまったかというと、発泡酒などの登場による価格競争の影響、お土産品としての価値を優先するあまり味わいを重視していないものが多かった、そもそも技術不足によりおいしい地ビールが根本的に少なかった、等の理由があるといわれています。

現在は醸造技術の向上により、地ビール全体が格段にレベルアップしています。地ビールとクラフトビールとの関係性は、クラフトビールと呼ばれているものの中に地ビールがある、でしょうか。クラフトビールの中で、「地元のもの」を使っていたり地元にちなんでいたりするものを「地ビール」と呼ぶというとわかりやすいでしょう。

結局ビールとは何なのか。本書では「麦とホップを主体にした醸造酒」の意味で「ビール」という言葉を使っていくことにします。法律上はビールと呼べなくても、麦とホップを主体にしたお酒だったら「ビール」という扱いにします。

また、クラフトビールは「日本の大手メーカーの伝統的なビール以外の個性的なビール」として話を進めていきます。誤解を招きたくないのですが、決して大手メーカーの伝統的なビールを個性がないと言っているわけではありません。むしろ、時流を捉えて年々変化しているにもかかわらず、常に変わらないと感じさせる伝統的なビールは個性の塊とも言えます。クラフトビールは、そういった伝統的なビールではない、さまざまな味わいを持ったビールと考えればいいでしょう。

2
時間目

SUMMARY

まとめ

一口にビールといっても
いろいろある

ビールは「麦芽」「ホップ」「水」
から造られる

風味を調整するために
副原料を使ってもいい

ビールは「麦を主体にした醸造酒」

クラフトビールは「日本の
大手メーカーの伝統的なビール」
以外の個性的なビール

3 時間目

おいしいラガーが飲みたいです

2時間目でビールとは何か、ということを学びました。ここから本格的にビールの中身について勉強していきます。最初に160種類以上あるビールをどうやって分類すればいいかについてお話しします。そして大きく分類した中で、日本で最もなじみのあるラガーというビールについて学んでいきましょう。

まずは発酵で分類しよう

ビールの分類の仕方にはいろいろありますが、一番味わいに大きい差が出てくるのは発酵の方法です。「下面発酵」「上面発酵」「自然発酵」の3種類があり、それぞれ使用する酵母も違えば、できあがるビールの味わいや風味、適温までもが異なります。

下面発酵とは、タンク内で発酵するとき、酵母が最後には底の方（下面）へ沈む性質から名づけられました。使われる酵母は「ラガー酵母」、できあがったビールは「ラガー」と呼ばれます。下面発酵では発酵温度が4℃から10℃と低めで、発酵期間も6日から10日と長いのが特徴です。低温で、長期間かけて発酵することで、副産物の少ないキリッとしたシャープな飲み口の、スッキリとした味わいのビールができあがります。

上面発酵はタンク内で酵母が発酵するときに、液面の方（上面）で活動することから名づけられました。使われる酵母は「エール酵母」、できあがったビールは「エール」と呼ばれます。ラガーに比べると16℃から24℃と高い温度で発酵し、発酵期間は3日から6日と短めです。高温で短期間の発酵のため、副産物が多く、フルーティーな香りと奥深い味わいが特徴です。

自然発酵は、ラガー酵母やエール酵母といったビール酵母を使うのではなく、空気中にある野生酵母を取り込んで発酵させる醸造法です。ビールを発酵させる酵母だけではなく乳酸菌も増えるため、乳酸からくる酸味が豊富な味わいになります。

また、これらのカテゴリに入らない「ハイブリッドビール」と呼ばれるものもあります。これは「上面発酵と下面発酵のどちらで造ってもいいビール」や、「ビール酵母と他の酵母を組み合わせたビール」、「酵母の発酵温度を変えたもの」などが該当します。

世界中を席巻しているラガービール

日本で一番飲まれているビールは、黄金色で純白の泡を持ち、爽快なのど越しとほろ苦い味わい、ほのかなモルトの香りを持っています。これはラガータイプの特徴です。実は、日本の伝統的なビールは、そのほとんどがラガータイプで、より正確に言うとラガー（タイプ）の中の「ピルスナー」というスタイル（ビールの種類）です。商品名で『ラガー』と名がついているものがあるのでややこしいのですが、ラガーはあくまで醸造の方式です。ビールという大きなお酒のカテゴリーの中に、ラガーという醸造方式のものやエールという醸造方式のものがあるのです。ラガー造りの中にピルスナーがあるのですね。

もともとビールの歴史としては、エールの方が古いのですが、現在世界中で飲まれているのはラガーです。下面発酵のビールは15世紀後半頃にドイツのバイエルン地方で生まれました。ラガーとはもともとドイツ語で貯蔵庫の意味です。暑い夏だとできあがったビールが腐敗してしまいます。ですから9月から3月にかけてビール造りを行っていたものの、寒い冬には酵母が働かなくなり発酵が止まってしまうことに悩まされていました。そういったおりに、寒さの中でも発酵が止まらない酵母があることが発見され、しかもできあがったビールを低温で貯蔵しておいた方がおいしくなることに気づいたのです。そこで、秋の終わりにビールを仕込み、氷室などで春まで貯蔵する方法が生まれました。これがラガービールの名前の由来とされています。高い温度で造る上面発酵に比べて、低い温度で造る下面発酵は変質や腐敗などの失敗が少なく、品質が安定していたため、ドイツ以外の国にも広まっていきます。当初の下面発酵ビールは色が濃い、しっかりした重厚な味わいを持っていました。

1842年にボヘミア（現在のチェコ）にあるピルゼンという町で誕生したのがピルスナーです。名前は地名のピルゼンからとっていたのですね。ホップの香りが効いていて、スッキリとしたのど越しを持ったビールは多くの人を驚かせました。というのも、当時のビールはほとんどが褐色や濃褐色だったため、人々は透き通った黄金色を見たことがなかったからです。見た目もきれいで味わいも良かったピルスナーはビール醸造に大きな影響を与え、多くの醸造所でピルスナーのような淡色のビールを造るようになっていきました。

ヨーロッパではその他にもミュンヘンビール（バヴァリアビール）、ウィーンビール（ウィンナービール）がボヘミアビール（ピルスナー）と合わせて三大ラガービールとして有名になっていきます（現在ではそこにドルトムントビールが加わり、ヨーロッパ四大ビール）。1

873年に製氷を可能にした冷凍機などの設備が発明されると、ラガーの人気が爆発します。というのも、低温で醸造し低温で貯蔵しなければならない下面発酵は、寒い季節にしか造ることができなく、醸造場所や量に限りがあったのが、冷凍機のおかげで世界中いつでもどこでも造ることができるようになったからです。急速に普及したラガーは、それまでのエールに代わってビールの主流に躍り出ました。中でも圧倒的な人気を博したのがピルスナーです。短期間のうちに世界中に広まり、今の日本でも大手メーカーが造っているほとんどのビールがピルスナースタイルとなっています。

ここで少しポイントになるのは、低温で造らなければならないため、ラガーは大がかりな設備が必要になるということです。その代わりに、大量に生産することが可能です。大資本で設備投資し、大量に生産し、大量に販売する。日本を含めた世界の大メーカーのほとんどがラガービールを生産していて、世界のビールの生産量の大部分を占めているのにはこういった理由もあったりするのですね。

ではクラフトビールの中にラガーはないかというと、そうでもなかったりします。ラガータイプのおいしいクラフトビールはたくさんあります。

ラガータイプの代表的なスタイル

★ピルスナー

ラガーに分類される代表的なスタイルを紹介していきましょう。まずは何といってもピルスナーです。低めのアルコール度数（5％前後）、爽快なのど越し、穏やかな香り、飲み飽きないうまさ、きれいな黄金色を兼ね備えた大ベストセラーです。「とりあえずビール」で、まずはピルスナーから飲むという人も多いのではないでしょうか。

日本のピルスナーは「爽快さ」に特化しています。これは高温多湿な夏を持つ日本では、飲みやすい爽快さを持ったビールの方がのどの渇きを癒やせるということと大きな関係があります。アルコール度数がそれほど高くなく、ゴクゴクと飲めるおいしいお酒は、特に日本の夏にぴったり。暑いときや、お風呂上がりの一杯がたまらなく好きだという人も多いでしょう。重厚な味わいで、アルコール度数が高いと、とりあえずジョッキで飲むみたいなことはできませんよね。

もともと日本人はのど越しがいいという食感が大好きです。蕎麦やうどんがその代表的なもので、今世界で最も人気のある日本食ことラーメンでも、硬めの麺でのど越しがいいものは特に人気があります。「のどから手が出る」「のど元過ぎれば熱さを忘れる」といったように、慣用句にも「のど」が多く使われているほど、のど越しが大好きなのです。日本のピルスナーがひたすら爽やかで爽快感を得られるように進化していったのは、ある意味当然といえますね。居酒屋などがキンキンに冷やすのも、爽快感を増すためです。でも実は、ピルスナーの適温は7℃前後。氷温と呼ばれるぐらいまで冷やさない方が、香りや味わいをおいしく楽しめます。

日本のピルスナーの爽快さは、それが日本人の好みということもありますが、別な理由もあります。ビールはホップや麦を使えば使うほど濃厚な味わいになるのですが、輸入に頼っていたので豊富に使えなかった歴史があるのです。副原料として米やコーンスターチを使うとホップの割合が減り、コクが控えめになり、香りも穏やかになります。これはアメリカで生まれた手法で、アメリカンラガーとして世界中に影響を与え、それぞれの国に合わせてローカライズされた「インターナショナル・ラガー」と総称されるものです。

そうやって造られた日本のビールは、今や和食にも合う、日本で一番消費されているお酒となりました。日本の酒類別消費量を見てみると、平成元年には70%以上を占めていたほどです。さすがに現在はそこまでではないのですが、それでも平成24年度の資料によるとビールと発泡酒を合わせると40％以上になります。

ちなみに世界で初めて造られたピルスナーは、今でも『ピルスナー・ウルケル』として飲むことができます。日本のピルスナーより、ホップの香りや苦味が強いビールです。機会があれば、これが元祖かと思いを馳せながら飲んでみてください。

★ミュンヘンビール

それ以外のラガーですと、ピルスナーと並んでヨーロッパ四大ビールのひとつとして数えられているミュンヘンビールでしょうか。チェコやオーストリアと接しているドイツのバイエルン地方（英語読みだとバヴァリア地方。州都がミュンヘン）で造られるビールで、ミュンヒナーともいいます。ミュンヒナーにはミュンヒナーデュンケルとミュンヒナーヘレスとがあります。

デュンケルは「暗い（ダーク）」という意味で、その名の通り濃い色のビール。ホップの香りが抑えられていて、麦芽の香味の強い、コクのあるビールです。ミュンヒナーといった場合は、こちらのミュンヒナーデュンケルを指しています。ちなみに、単にデュンケルといった場合には、バイエルン地方のダークビール全般のことを指しているのが、少しややこしいところです。

ヘレスは「淡い」という意味で、文字通り淡い色合いのビール。ピルスナーに対抗して造られたと言われていて、ホップの香りが控えめな、麦芽の風味が強調されているビールです。

★ドルトムントビール

同じく四大ビールのひとつのドルトムントビールはドイツのドルトムントで生まれたラガーで、ドルトムンダーともいいます。ドルトムントでは、最初は小麦麦芽で造った上面発酵ビールを生産していたのですが、ピルスナーが人気になってからは下面発酵に切り替えました。切り替えるタイミングがミュンヘンよりも後なのは、オランダやベルギーに近く、ピルスナーの生まれたチェコに遠かったということもあるかもしれません。現在ではドイツ最大のビール生産量を誇っています。ピルスナーに比べると、ホップの香りがやや控えめで、軽い口当たり、麦芽（モルト）の甘味を感じるようなビールです。『ヱビスビール』はこのドルトムントビールの製法を習い、造られています。

★ウィーンビール

四大ビールの最後のひとつ、ウィーンビールは少し複雑です。オーストリアのウィーンで生まれたラガーで、赤みを帯びた色合いのビールです。第一次世界大戦後にオーストリア・ハンガリー帝国が解体されたことに伴って、醸造法の伝承が途絶えてしまいました。それをビール・ウイスキー評論家のマイケル・ジャクソン氏（歌手ではありません）が紹介したことでアメリカの醸造所が復刻。人気を博して今では新しいスタイルとして注目されるようになったというわけです。香ばしい香りと、濃厚なコクと苦味のあるビールです。

★シュヴァルツ

四大ビールの他に覚えておきたいのは「シュヴァルツ」。ドイツ語で「黒」という意味を持つ黒ビールです。焙煎した麦芽を使うことによってできる濃い黒のラガーで、カラメルやコーヒーのような香ばしい香りを持っているビールです。ラガー酵母を使っているので、飲み口はスッキリしていて、ホップの苦味もそれほど強くなく、黒ビールが苦手な人でも飲みやすいビールです。

3
時間目

SUMMARY

まとめ

ビールは醸造方法で分類できる

「下面発酵」のラガー、
「上面発酵」のエール、「自然発酵」

ラガーは世界中で飲まれていて、
日本のビールもほとんどがラガー
（ピルスナー）

ラガータイプのクラフトビールも存在する

日本のピルスナーは
日本の風土に合わせて
調整されてきた

4時間目

おいしいエールが飲みたいです

3時間目ではビールは醸造法と酵母によって分類できるということと、ラガータイプ、その中でもピルスナーが世界中で飲まれているということを学びました。4時間目では、別な醸造方法である「上面発酵」によって造られるエールタイプについてお話ししていきます。

個性的なビールを生み出しやすいエール

エールはエール酵母によって発酵する、上面発酵ビールです。発酵しているときに生じる炭酸ガス（二酸化炭素）の泡と一緒にエール酵母が浮かび上がることから名づけられました。最大のポイントは、常温（16℃から24℃ぐらい）で発酵することでしょうか。この温度で発酵するときに、エール酵母はフルーティーな香りを生み出します。エールによってはリンゴのような香りがすると言われたり、洋梨のような香りだったり、バナナのようだったり、スモモやパイナップルなど、エールの種類だけそういった香りがあると考えるといいでしょう。このように、エールタイプの方がいろいろな味わいのビールを造りやすいこともあって、クラフトビールでは個性的なエールが多かったりもします。

クラフトビールにエールが多いのは、他にも理由があります。ラガーに比べると大規模な設備投資をしなくてもいいため、低温に保つ必要がなく、発酵期間も短いため、小規模な醸造所でも造りやすいからです。

エールの特徴は、複雑で華やかな香りと、麦芽からくる甘味や香ばしさ、そして泡が少ないことにあります。水の代わりにゴクゴクと飲むようなラガーとは異なり、じっくりと味わいながら旨味を楽しむビールなのです。そのため、キンキンに冷やすよりも、10℃前後の温度で一口ずつ飲む方がエールの味わいを楽しめます。口に含んだときにもすぐに飲み込まずに、口の中全体を巡らせて味わってから飲み込み、残り香も楽しむようにしてみましょう。すると、華やかなフルーツの香りや柑橘系の爽やかさ、苦味など、驚くほど多くの味と香りが含まれていることに気づくと思います。

エールタイプの代表的なスタイル

★ペールエールとIPA

エールタイプに分類される代表的なスタイルを紹介していきましょう。まず抑えておきたいのは「ペールエール」。ペール（Pale）は「薄い」という意味で、明るい銅色を持ったビールです。今のピルスナーと比べると濃い色合いに思えますが、ペールエールが登場した1600年代のビールの中では薄い色だったため、こう呼ばれました。ホップの香りと苦味が際立つ、酵母のフルーティーな香りのエールです。

もともとはイギリスで生まれ、イギリス産の麦芽とホップを使って造られていましたが、製法がアメリカへ伝わり、アメリカでも造られるようになりました。アメリカのペールエールはアメリカ産の麦芽とホップを使ったところ、柑橘系の華やかな香りが特徴のエールに仕上がりました。そのため、イギリスのものを「イングリッシュ・ペールエール」、アメリカのものを「アメリカン・ペールエール」として区別しています。

ペールエールは海外に輸出もされていました。18世紀末に、インドに滞在しているイギリス人に送っていたのです。ただ、当時は冷蔵コンテナ船などの設備がなかったため、輸送の際にエールが傷まないようにしなければなりません。そこで、防腐効果のあるホップを大量に使用し、さらに腐敗しないようアルコール度数も高めました。普通のペールエール（イングリッシュ・ペールエール）がだいたい4・5％から5・5％ぐらいのところを、5％から7・5％まで高めたのです。それによって香りと苦味が強くなった独特のエールが生まれました。これが「インディア・ペールエール」、略して「IPA」です。

IPAもアメリカに伝わり、アメリカン・ペールエールと同じようにアメリカ産のホップを大量に使用したところ、柑橘系の香りと苦味がとても強い、華やかなエールができました。これが「アメリカン・IPA」で、現在世界的な大流行を起こしているビールです。一口飲み込むと柑橘系の香りと麦芽の甘い香り、そしてしっかりとしたコクと苦味がくるので、ピルスナータイプしか飲んでない人が飲むと、こんなビールもあるのかとびっくりするかもしれません。

★ヴァイツエンとベルジャンホワイト

次に紹介するのは白ビールです。代表的な白ビールには、ドイツの「ヴァイツェン」とベルギーの「ベルジャンホワイト」があります。

ヴァイツェンはドイツ語で小麦という意味の通り、小麦を入れて造る上面発酵ビールです。バイエルン地方で14世紀以前から造られている代表的なビールで、大麦麦芽だけではなく小麦麦芽を50％以上使います。大麦に比べて小麦はたんぱく質が多いため、ややにごった（白濁した）見た目になります。小麦由来の酸味もあるので、その外見と合わさって少しヨーグルトなどの乳製品のような印象を持つ人もいます。バナナのような甘い香りを基本に、クローブ（丁字）やナツメグのような香りも併せ持つフルーティーなビールです。ホップの苦味が弱いため、ビールの苦味が嫌いという人でもヴァイツェンなら飲める、ヴァイツェンからビールにはまった、という人が多かったりもします。

ベルギーで生まれた「ベルジャンホワイト」は、大麦麦芽と小麦で造るエールです。ヴァイツェンとの違いは、麦芽になっていない小麦を使っていることでしょうか。こちらも小麦たんぱく質由来の白濁した外見を持っています。最大の特徴は、ビール造りの際の麦《ばく》汁《じゅう》を煮沸する工程で、オレンジピールやコリアンダーやスパイスなどを投入する点です。これにより、華やかな香りを持っていながらスッキリとしたビールに仕上がります。どちらの白ビールも、ピルスナーよりも少し高めの9℃ぐらいで飲むと、香りがよりわかって楽しめます。

★ポーターとスタウト

白があるなら黒がある。というわけで、黒いエールもあります。代表的なのは18世紀のイギリスで生まれた「ポーター」です。当時のロンドンでは、麦芽の甘さや香ばしさを強調した「ブラウンエール」とペールエール、そして少し古くなって酸っぱくなってしまったブラウンエールの3種類をブレンドした「スリースレッド」というブレンドビール（カクテル）が流行していました。いちいちブレンドするのが面倒と考えたパブのオーナーのラルフ・ハーウッドが、混ぜずに味を再現したエールを開発し（工場で最初から混ぜたという説もあります）、『エンタイア』と名づけて売り出したのが最初と言われています。それがパブの近くの青果市場で働いていたポーター（荷物運び人）の間で大流行し、ポーターと呼ばれるようになりました。造られた当時は褐色のエールでしたが、現在では濃色の麦芽とホップをたっぷり使い、6ヶ月以上熟成させて造る、黒色系の芳醇なビールです。色が濃くなったのは次で紹介するスタウト人気の影響と言われています。

そのポーターがアイルランドで進化したものが「スタウト」です。ギネスブックでも有名な『ギネス』の創始者アーサー・ギネスが、麦芽にかけられていた税金を節税するために、麦芽ではなくローストした大麦を加えてポーターを造りました。すると、ロースト大麦の苦味と酸味が加わったものができあがり、「スタウト・ポーター」（スタウトは「強い」という意味）として人気を博しました。それがいつしか「スタウト」と呼ばれるようになったのです。まるで焙煎したコーヒーのような苦味と酸味があり、クリーミーな泡で重厚な味わいが人気のビールです。

★バーレイワイン

エールはじっくりと飲むものだというお話をしました。それに一番ふさわしいのが「バーレイワイン」というエールです。バーレイは大麦のこと。大麦でできたワインという意味ですね。でも、ブドウから造るワインとは直接は関係がありません。イギリスで生まれた長期熟成のエールで、熟成期間は半年から数年。アルコール度数が高く、8・5％から12％にもなります。種類は実にさまざまで、色合いは鮮やかな金色のものから濃い茶色のものまで。香りも濃いカラメルのようなものからドライフルーツのような香り、苦味の強いものから甘味が強くて苦味を感じにくいものまであります。いずれにせよ、アルコール度数が高く濃厚で泡がほとんどないエールなので、ちびちび飲みたいところです。

★セゾン

少し特殊なのが「セゾン」というエールです。セゾンは季節という意味のフランス語で、ベルギーの農家が夏の作業中に飲むために、冬から春先に仕込むビールがルーツと言われています（ベルギーの南部はフランス語が公用語）。各農家で自家醸造をしていたので、味わいにも違いがあり、個性的なものが多いビールです。なので、こういう味でなければセゾンと名乗れないというものはありません。しばらくの間貯蔵するため、ホップを大量に入れて防腐効果を高めたり、スパイスを調合したりと、しっかりとした味わいを目指す傾向があります。でも、あまりに濃いと夏に飲むには向いていないため、フルーティーな香りとホップの苦味、ドライな酸味が特徴のスッキリしたビールになることが多いです。

4
時間目

SUMMARY

まとめ

エールは上面発酵によって、
常温で造られる

さまざまな材料（副原料）を使って
造られるものもある

じっくりと味わいながら
旨味を楽しむビールが多い

個性的なエールが
数多く造られている

クラフトビールにも
エールは多い

5時間目

ラガーやエール以外にもビールはある

4時間目までで、ビールの発酵の基本的なものである下面発酵と上面発酵について学びました。ビールの醸造法には、この他に自然発酵があります。また、上面発酵でも下面発酵でも造ることができるハイブリッドビールについても学んでいきましょう。

自然発酵とは

ビールの発酵を行う酵母についてですが、大昔から○○酵母という存在があると認識できていたわけではありません。ただし、おいしいビールが造れたときに、残った沈殿物を加えると再びおいしいビールができあがるということは知られていたので、経験則としてここに発酵に必要な何かがあるということはわかっていたようです。

時代が変わったのは1883年。デンマークのビール会社カールスバーグがビール醸造のために作ったカールスバーグ研究所で、エミール・クリスチャン・ハンセン博士が1個の酵母細胞を分離して培養する、純粋培養法を発明しました。これにより発酵に優れた酵母のみを培養して増やし、雑菌のないクリーンな環境でビールを造ることができるようになったのです。また、ビールを安定して大量生産することができるようにもなりました。現在ではラガーもエールもそれぞれ純粋培養された酵母を使っています。

自然発酵は、こういったビール用の酵母を使うのではなく、空気中に浮遊している野生の酵母を取り込んで発酵させます。発酵の基本は「糖を発酵させるとアルコールと二酸化炭素になる」ですが、これはビール酵母だけではなく、空気中にある酵母でも行うことです。ビール酵母はこういった空気中にたくさん存在している酵母の中で、発酵時にビールの風味に合うものを造るものを取り出し、純粋培養したものなのです。

自然発酵だと、単一の酵母だけがお酒を醸し出すというわけではなくなります。いわば酵母群がそれぞれの味わいを生み出す形になるため、非常に複雑な風味になります。また、空気中には酵母だけではなく乳酸菌もいるため、一緒に乳酸菌も繁殖します。乳酸菌は乳酸を生み出しますので、乳酸由来の酸味も豊富なビールができあがります。

代表的なスタイル

代表的な自然発酵ビールは、1種類しかありません。ベルギーの「ランビック」というビールです。ブリュッセルと、その近郊のレンベークという街の中の、ゼナ川周辺で造られています。ベルジャンホワイトと同じように、麦芽になっていない小麦を全体の3割以上使用した麦汁を造り、煮沸をしたら、蓋のない冷却槽に入れ、蔵の窓を開けて一晩中放置して野生の酵母を取り込んで造ります。

変わったところでは、ホップの使い方でしょうか。ビールの香りや味に大きな影響を及ぼすホップですが、新鮮なものではなく収穫してから3年以上乾燥させた古いホップを使います。そのおかげで、ホップの香りなどはほとんどしません。では、なぜ加えているかというと、ホップの持つ殺菌作用や防腐作用のためです。

そうしてできあがった原酒を、木樽で2年半から3年かけて熟成させます。木樽に付着している酵母の働きも利用してできあがったビールは、フルーティーな香りで、酸味が強く、独特の味わいを持っています。泡はほとんどなく、アルコール度数は5%前後です。

3年熟成させたランビックと、1年ぐらいの若いランビックをブレンドして瓶詰めしたものを「グーズ」と呼びます。若いランビックはまだ完全に発酵が終わっていないため、酵母が生きたままです。そのため、瓶の中での発酵が続くのですね。これを瓶内発酵や二次発酵と言います。発酵時には炭酸ガスが発生するため、グーズにはシャンパンのような泡が生まれます。長期保存も可能なので、さまざまな楽しみ方ができるビールです。

ランビックにフルーツを漬け込んだお酒もあります。クリークと呼ばれるサクランボの一種を加えたものは「クリーク」。ラズベリーの一種であるフランボワーズを同じく漬け込んだものは「フランボワーズ」と呼ばれます。他にもさまざまなフルーツを漬け込んだランビックが存在します。また、飲みやすくするために砂糖を加えたランビックを「ファロ」と呼びますが、地元以外ではあまり流通していません。

なんでもあり？　なハイブリッドビール

今まで紹介してきた分類に入らないビールもあります。上面発酵酵母を使っても下面発酵酵母を使ってもいいビールなどは、どちらに分類したものか悩みますよね。たとえば「アメリカンウィートビール」というスタイルのビールはエール（上面発酵酵母）で造ることもあれば、ラガー（下面発酵酵母）で造られることもある、特殊なビールのため発酵では分類できません。こういうビールはハイブリッド（混合）ビールと呼ばれます。

今までは下面発酵酵母は低めの温度帯で、上面発酵酵母は高めの温度帯で発酵すると説明してきました。でも、暑い地域でなかなか低い温度が得られなかったらどうなるでしょうか。19世紀のアメリカでゴールドラッシュ時代に西海岸のカリフォルニアに人がたくさん集まったとき、ビールの需要が高まりました。当時は寒冷な東海岸北部でビールを造っていたため、西海岸まで劣化させずに運ぶのはとても大変。ならば現地でビールを造ればいいとなったのです。ところが冷房設備がそろっていないまま造ろうとしたものの、カリフォルニアは暑いため、下面発酵酵母がきちんと働く10℃以下を保つことが難しい。仕方なしに上面発酵の温度帯で造ってみました。すると、ラガーのシャープさとエールのフルーティーな香りが合わさったビールに仕上がったのです。高温で造ったおかげか泡立ちがかなり激しく、グラスに注いでも泡があふれたほどだったので「スチームビール」と呼ばれました。今では「コモンビール（カリフォルニアコモン）」とも呼ばれています。スチームビールは下面発酵と上面発酵を組み合わせて造ったもので、どちらにも分類できないハイブリッドビールなのです。

また、ビールはビールでも、醸造の過程で麦やホップ以外の果物やハーブ、スパイスなどを加えるビールがあります。これは加えるものによって「フルーツビール」「フィールドビール」「ハーブ・スパイスビール」「ハニービール」などと呼ばれ、それぞれ独特のアロマ（香り）とフレーバー（風味）を持っています。これもハイブリッドビールに分類されています。

フルーツビールで使われるものではチェリーやラズベリーが多く、柑橘系のフルーツも人気があります。フィールドビールは野菜を使ったもので、サツマイモやココナッツを使います。ハーブやスパイスでは、ミントやコリアンダー、チリなどが使われています。

最近では日本でも各地の名産品を使ったフルーツビールが多く見られます。注意したいのは、副原料の範疇に入っていないフルーツを使っているため日本の法律上では「ビール」と名乗れず発泡酒という扱いになっている、ということです。これは日本のものでも、海外のものでも、日本国内では同じ扱いになります。

他にも、日本酒酵母を使って発酵させたビールや、麦芽をスモークして醸造するスモークビールもハイブリッドビールに分類されています。

5
時間目

SUMMARY

まとめ

自然発酵ビールは
空気中の野生酵母を使って発酵する

自然発酵ビールはランビックのみ

ランビックには若いものとブレンドしたり
フルーツに漬け込んだものがある

それ以外のカテゴリは
「ハイブリッドビール」になる

ハイブリッドビールには
さまざまな種類がある

6時間目

細かい違いの「スタイル」を覚えよう

5時間目までで、ビールの大まかな分類と、その代表的なスタイルを学びました。でも、ビールのスタイルはまだまだたくさんあります。アメリカのBrewers Associationの2016年版ビアスタイル・ガイドラインによると、160種類以上のスタイルが登録されています。このスタイルガイドに基づいて2年に一度開催されるワールドビアカップで審査が行われていると聞けば、そんなに多くは覚えきれないと感じるかもしれません。

もちろん、全てを覚えなければビールが楽しめないというわけではありません。でも、知っていると自分の好みの味わいを探したり選んだりするときに便利なのです。そこで今回は、できるだけ効率よく、スタイルを覚えるコツについて学んでいきます。

スタイルには派生形がある

スタイルの名前は闇雲につけられているわけではありません。今までに学んできたスタイルの中でも、地名由来のもの（ピルゼンで生まれたピルスナー）や、材料そのものを表したもの（小麦を意味するヴァイツェン）などがあります。

そのため、基本的には同じでも、一部の製法の違いによって名前が変わるものがあります。たとえばスタウトだとドライ・スタウト、インペリアル・スタウト、フォーリン・スタウト、スイート・スタウト、オートミール・スタウトなど。このように細分化されるのが、スタイルの派生形です。もちろん例外はたくさんありますが、派生で使われる代表的な用語を覚えることで、スタイルの名前を理解しやすくなると共に、味わいをある程度想像しやすくなります。

★色合い

ビールの色合いでつく名前があります。基本的には淡い色合いよりも濃い色合いの方が味が濃いと覚えておくといいでしょう。ビールの色を表す単位として使われているのが、主にアメリカで使われているSRM値（Standard Reference Method、標準参照法）と、ヨーロッパを中心に使われているEBC値（European Brewery Convention）です。

同じ色合いの名前でも、ラガーかエールかによって色合いが変わってくるのでややこしいのですが（例を挙げるとダークラガーとアンバーエールは同じぐらいの色合い）、ここでは参考に大まかなSRM値も記載します。ちなみにピルスナーでSRM値は3から6で、値が2桁になるとだいぶ濃い（黒に近い）色です。

[ゴールド（Gold）] ゴールデンもしくはブロンドとも。その名の通り黄金色。SRM値はエールで3から7

[アンバー（Amber）] 琥珀という意味。文字通り、琥珀色。茶色に少し赤みがかかっている。SRM値はラガーで6から14、エールで11から18

[ブラウン（Brown）] 茶色。銅色から濃い焦茶色まではだいたいブラウンと呼ばれる。SRM値はエールで12から26

[ブラック（Black）] 濃い焦茶色から黒色あたりがブラック。SRM値はエールで35以上

[ホワイト（White）] 小麦を使った白いビール。色合いというよりは小麦たんぱくによる白濁を表すことが多い

[ペール（Pale）] 薄いという意味。ペールとつくと普通のものより薄い色合いになる

［ダーク（Dark）］闇というよりは、濃いという意味で使われる。ダークとつくと普通のものより濃い色合いになる

★味わい

色合いだけではなく、ビールの味わいやフレーバーでつく名前があります。甘いとか苦いとか、わかりやすいものが多いので、味を想像しやすいです。

［ライト（Light）］光ではなく軽いという意味。ライトボディ。文字通り軽い味わいで、カロリーもアルコール度数も低め

［ドライ（Dry）］アルコール度数がやや高く、糖分が少ないスッキリめの味わい

［スイート（Sweet）］糖分が多く残っていて、甘い味わい

［チョコレート（Chocolate）］濃い色のエールなどで用いられる。チョコレートのような香りがする

★アルコール度数

ビールにはアルコールが含まれていますが、その濃度はさまざまです。アルコールが強いものは特に、他のものと区別するためか名前がついています。度数が高いものが好きな人は、これらの名前がついたものを積極的に選んでいくといいでしょう。

［ストロング（Strong）］強いという意味。アルコール度数は7％以上

［インペリアル（Imperial）］「帝国の」「皇帝」という意味。ロシア皇帝に献上されたという由来からきているように、ふんだんに材料を使いアルコール度数を高めた贅沢なビール。アルコール度数は7％から12％

［フォーリン（Foreign）］「外国の」という意味。輸出用に造られたもので、輸送中に傷まないようアルコール度数が高め。エキスポート（Export）とも。アルコール度数は5・7％から7・5％ぐらい

［セッション（Session）］みんなで集まる「セッション」の意味。集まってわいわい飲むときには、あまりアルコール度数が強かったり苦味が強いと疲れてしまうので穏やか

なビールがいい、というところからきている。セッションとつくと、元のスタイルより緩やかで苦味が少なく、アルコール度数が低い（5％減ぐらいまで）ビールになる

この他にも、ダブル（デュッベル、ドッペル）、トリプル（トリペル）、エクストラ、スペシャルなどとつくと、元のスタイルよりもアルコール度数が高い傾向があります。

★材　料

使っている麦芽や、製法によっても名前が変わります。4時間目で紹介したヴァイツェンも小麦を使っているというところから名前がつきました。

［ライ（Rye）］ライ麦を使っている
［オートミール（Oatmeal）］オート麦（オーツ麦）を使っている
［ヴァイツェン（Weizen）］ドイツ語で「小麦」の意味。文字通り、小麦を使っている。英語だと「ウィート」になる

［オールド（Old）］昔の造り方や貯蔵法などを踏襲しているという意味だったが、現在では少し意味が違ってきているものも（オールドエールはオーストラリアではダークビールの一般的な名称になっている）

［トラディショナル（Traditional）］伝統的な造り方や貯蔵法などを踏襲している

★国、地域

4時間目で紹介した、イングリッシュ・ペールエールとアメリカン・ペールエールのように、同じスタイルであっても国によって味わいは違います。そのため、スタイルには国の名前がつくことがあります。これは、そのビールが発祥した国や地域の名前がつく場合の他にも、輸出先などの名前をつけたものがあったりします。

［アメリカン］「アメリカの」という意味。アメリカで生まれたビールや、アメリカのホップを使ったものにつけられる

［ベルジャン］「ベルギーの」という意味。ベルギーで発祥したものを指す場合が多い

が、ベルジャン・IPAのように「ベルギービール酵母を使った」という意味のものもある。他に「ベルゴ」があり、「アメリカン・ベルゴ・スタイル・エール」はアメリカ人の発想でベルギービールを造ってみた、という意味合いになる

スタイルは組み合わせて使われる

ここまで紹介した用語やスタイルは、組み合わせて使います。例外もありますが、基本的には「国名（地域名）」「色合い」「アルコール度数」「スタイル（タイプ）」の順番と考えるといいでしょう。

ただし、特定の組み合わせが大流行すると、それがひとつのスタイルとなります。たとえばインディア（国名）・ペール（色合い）・エール（スタイル）は略してIPAというスタイルとして大流行しました。その結果、「アメリカン（国名）・IPA（スタイル）」や、「インペリアル（アルコール度数）・IPA」、「セッション（アルコール度数）・IPA」などが生まれたというわけです。

ビールのスタイルは本当に膨大な量があるので、今までに紹介したものだけでは、とて

もではないけれども全てを説明したとはいえません。でも、代表的なものは網羅しているので、お店で見かけるビールが何となくわかるようになっているはずです。もし、初めて見るものでも、その中に知っている単語が含まれていれば、何となく味わいの方向性が見えているのではないでしょうか。

これらのスタイル名は缶や瓶のラベル、店頭のメニューに記載されているものがほとんどです。商品名として含まれているものもあれば、ラベルにひっそりと載っているものもありますが、しっかり見るとわかるようになっているはずです。これはこういうビールかな、と予想をつけながらビールを選び、飲んでみるといいでしょう。

最初から一気に全てのスタイルを覚える必要はありません。逆説的ではありますが、飲んでみておいしいと思ったビールに入っていた単語を覚えておいて、次に飲むときにはその単語が入っているビールを選ぶ、というやり方でも十分に楽しめます。

6
時間目

SUMMARY

まとめ

ビールのスタイルは
160種類以上ある

ひとつのスタイルにいくつも派生形がある

派生形は色合いやアルコール濃度などの
単語がスタイル名につく

ある程度言葉の順番は決まっている

一気に覚える必要はなく、
飲んでおいしかった
ビールの単語をメモするといい

7時間目

発泡酒や第三のビールって結局なあに？

世界のビールの多彩な種類、スタイルについてこれまで学習してきました。ただ、日本には今までに勉強してきたことに当てはまらないものが存在します。発泡酒や第三のビール（新ジャンル）と呼ばれるお酒です。

少しややこしいのが、クラフトビールも発泡酒と分類されていることです。2時間目で学んだように、日本では原料によってビールが定義されるからですね。それにしては値段が安くなっていないじゃないかと思った人もいるかもしれません。一体それらのクラフトビールと、発泡酒や第三のビールはどこが違うのか、詳しく見ていくことにしましょう。

誕生には酒税法が大きく関係している!?

発泡酒や第三のビールが誕生した背景には、酒税法が大きく関わっています。ビールは麦から造るし、日本酒は米から造るし、ワインはブドウから造るので、何となく農作物や農水省に関係がありそうな気がします。でも実は、お酒は酒税法で管理されているので、国税局の管轄になるのです。2時間目で出てきたビールの定義も酒税法に記載されていましたね。そこでは、副原料は麦芽の半分まで使っていいという記述がありました。従って「ビール」と名乗るためには麦芽比率は3分の2（67％）以上でなければなりません。

それよりも麦芽比率が低いお酒は何になるのか。それが「発泡酒」です。さらに、麦芽を使わないか、発泡酒に別のアルコール（麦由来のスピリッツなど）を混ぜたものが「第三のビール」なのです。ビールではなくビール風飲料と呼ばれるのは、法律上でビールの要件を満たしていないからなのですね。

発泡酒等がビールよりも安く売られているのは、税金が安いからに他なりません。まずは、ビールにどれぐらいの税金がかかっているのかを見てみることにしましょう（下図）。

このようにビールには一律で、発泡酒には麦芽がどれぐらい入っているかで異なる率の税金がかかっています。一番下のその他の発泡性酒類が、

課税上の分類	備考	税額/kl
ビール	—	220,000円
発泡酒	麦芽比率50％以上またはアルコール分10度以上	220,000円
	麦芽比率25％以上（アルコール分10度未満）	178,125円
	麦芽比率25％未満（アルコール分10度未満）	134,250円
その他の発泡性酒類	ビール及び発泡酒以外の品目の酒類のうち、アルコール分が10度未満で発泡性を有するもの	80,000円

第三のビールにかかっている税金です。結構な金額差があるように見えますよね。このまだと少しわかりにくいので、普通の缶のサイズである３５０㎖あたりにどれぐらい税金がかかっているかを計算してみましょう。

ビール：77円
発泡酒：77円（麦芽比率50％以上）、**62円**（麦芽比率25％以上）、**47円**（麦芽比率25％未満）
第三のビール：28円

ビールと発泡酒（麦芽比率の低いもの。以後は注釈がないかぎり「発泡酒」表記は麦芽比率が低いものを指します）では1缶あたり30円が、第三のビールとでは49円もの差があります。これがそのまま市場価格に反映されているのです。また、クラフトビールの値段が「発泡酒」なのに安くないのは、「ビール」と同じ税額（麦芽比率50％以上）だからなのですね。

結構な金額になっている税率格差が販売数量に影響を与えているとして、疑問視する声も強く、改正する動きも出ています。平成28年現在で出ている案は、1缶あたりの税額を全て約55円にするというもの。ビールを減税し、発泡酒と第三のビールを増税する動きです。現在はビール業界との調整中ですが、平成28年度から5～7年で実施すると言われています。もちろん実施されたら市場価格に影響しますので、今後の動きに注目したいところです。

健康志向にシフトしている発泡酒

発泡酒は一大ジャンルを築いていたと言っても過言ではありません。発泡酒が市場に受け入れられたのは、「新しい味わい」を目指したということと、「お手頃な価格だった」の2つの要因があると考えられます。第三のビールが発売されてからは、価格面のメリットが失われて衰退していますが、糖質やプリン体カットという健康志向へシフトした新しい味わいの製品が次々と登場しています。

ビールファンの中には発泡酒に否定的な人もいます。ビールのおいしさの本質は麦芽によって生まれる芳醇な香りやコクであり、発泡酒にはそれがないからです。

ですが、麦芽が少ないということは、スッキリとした飲み口やのど越しのよさ、キレのある味わいなどが実現できるということでもあります。汗をたくさんかいて、とにかく喉が渇いたときには、芳醇なビールよりもスッキリとした発泡酒の方がグビグビと飲めるという人もいるでしょう。また、どうしてもビールの持つ苦味が苦手という人にとっては、苦味の少ない爽やかな発泡酒の方がいいということもあります。この部分を追求していった結果、多くの人に受け入れられる味わいとなり、一大ジャンルを築いたと考えられます。

第三のビール

「第三のビール」というのは、ビール、発泡酒に続く3番目のビール風飲料ということでマスメディアによって名づけられたものです。

正確に言うと第三のビールは「ビール」ではありません。発泡酒のカテゴリから外れるために、原料を麦芽以外にしているからです。発泡酒と違って麦芽が全く入っていないのですから、ビールとは呼べないですよね。なので、ビール風飲料なのです。では麦芽の代わりに何を使っているのかというと、大豆たんぱくや大豆ペプチドやエンドウたんぱくといった豆類から生成したものだったり、コーンたんぱく分解物のようにとうもろこしから生成したものを使っています。なお、2006年に改正された酒税法により、現在発売されている第三のビール以外の原料で造ると、ビールと同額が課税されるようになりました。

第三のビールのもう一つのタイプは、発泡酒に麦焼酎などのアルコールを加えたものです。こちらの場合は、混ぜる発泡酒自体には麦芽が含まれているので、麦芽以外のものを使ったタイプよりもビールの風味を出すことができます。税法上はリキュール扱いになり、1缶あたりの税金は28円と第三のビールと同額です。

実はアルコールが入っているものもあるノンアルコールビール

もうひとつ、ビール風飲料として忘れてはならないのがノンアルコールビールです。このノンアルコールビールですが、実はアルコールが入っているものもあります。酒税法ではアルコール度数1％未満のものは酒類として扱われません。そのため1％未満だとノンアルコールビールにすることができるのです。たとえばビール風飲料の『ホッピー』のアルコール度数は0・8％です。もちろん完全にアルコールが入っていないタイプのものもあるのですが、全てのノンアルコールビールにアルコールが入っていないわけではないので注意が必要です。そのため、現在ではノンアルコールビールという名前が誤解を招くとして、ビールテイスト飲料という表現をすることが多くなっています。

ヨーロッパにはアルコール度数0・5％未満のものをノンアルコールビール（ビールテイスト飲料）として、0・6％から0・9％のものをローアルコール飲料としているところもあります。
ビールテイスト飲料を造るための方法はいくつかあり、一度ビールを造ってからアルコールを除去する方法、途中までビールと同じように造るけれども酵母を入れずに発酵させないで造る方法、麦芽からとれる麦芽エキスにさまざまな成分を加える方法、ビールと同じように造るけれどもアルコールをあまり出さない酵母で発酵させる方法などがあります。いずれの方法にせよ、アルコール濃度が低いと雑菌が繁殖する可能性が高いので、造るには非常に高い技術が必要です。

発泡酒にしろ、第三のビールにしろ、ビールテイスト飲料にしろ、ビールの深いコクや味わいにはかなわないかもしれません。でもその分、すっきりとしたものをがぶがぶ飲みたいという需要にはぴったりだという側面もあります。こういった飲料があることも、ビールの多様性のひとつと考えるといいでしょう。

7
時間目

SUMMARY

まとめ

発泡酒や第三のビールは
ビールと税額が異なる

発泡酒は麦芽の使用比率が少なく、
コクが少ない

第三のビールは麦芽を使わず、
大豆でんぷん等で造られているものがある

ノンアルコールビールの中には
アルコールが入っているものもある

これらもビールという飲み物の
多様性と考えるといい

コラム①

なぜビールはたくさん飲めるのか

ビールを飲んでいるときに、気がついたらジョッキで何杯も飲んでいることはないでしょうか。生ビール中ジョッキ、略して「生中」はだいたい500㎖ぐらい入ります。これを3杯も飲めば、それだけで1・5リットルです。水を1・5リットルも飲むのは大変ですよね。どうしてビールなら飲めるのでしょうか。

これは「ドリンカビリティ（Drinkability）」という言葉で、直訳すると「飲む能力」で説明づけられます。ビールでは「もう一杯飲みたい欲求の強さ」だったり「飲み飽きずに飲み続けられるか」を示しています。ドリンカビリティの高いビールは、飽きずにどんどん飲んでいけるのですね。水はドリンカビリティがビールよりも低いので、1杯飲んだらまたすぐ次の1杯とはいきません。次の1杯が欲しくなるビールだからこそ、たくさん飲み続けることができるのです。

ドリンカビリティはただ単にキレがあったり、爽快感があればいいというわけではありません。チェコで行われた研究では、副原料を使ったピルスナービールの方が、麦芽のみよりもドリンカビリティが低くなると結論が出ています。副原料を使った方が軽快でドリンカビリティが高くなるというわけではないのです。京都大学大学院農学研究科の伏木亨教授（当時）のグループでは、超音波スキャンで飲んでいる最中の胃をスキャンして観察するということを行いました。すると、ビールの銘柄によって胃から排出される（腸へ送り出される）速度が違うということがわかったのです。ドリンカビリティの高いビールは、胃の幽門を開き、すぐに腸へ運ばれます。胃に留まる時間が短いので、次々と飲めるのですね。そういうビールは体外へ排出される速度も速いという結果が出ています。海外では過酷な肉体労働時にビールで栄養と水分を摂取するという話があるのも、ドリンカビリティの高いビールなら水よりもどんどん飲めるということに関係があるのかもしれません。

面白いことに、同実験ではビールをわざと日光に当てて劣化させた場合、胃からの輸送速度も落ち、尿として体外へ排出される時間も落ちる、ということがわかりました。どうやら我々の身体は、おいしいものをもっともっと摂取したい、だからすぐに体外に出しておかわりをしたいという欲求があるようです。ビールの好みを探すときに、自分にとってドリンカビリティの高い、つまりは何杯も飲みたいビールという観点で探してみても面白いかもしれませんね。

ビールの味が見えてくる

ベルジャンとか
アメリカンとか
ビールのスタイルには
国の名前が
ついていますけど
国ごとに
味に特色は
あるんですか？
そうですね
特色は
ありますよ
たとえば
日本
高温多湿の夏にぴったりな
ラガータイプの
ピルスナーが主流
最近は麦芽100％の高級感
あるビールが流行っています
ドイツ
「麦芽・ホップ・水」のみで造る
ビール純粋令が守られています
硬水のため濃い色で
味わいが深いです
ベルギー
とても多彩。1500種のビールが
造られています
フルーティーなエールの
イメージが強いですが
流通量の7割以上がピルスナーです

イギリス
エール発祥の国
全体的に落ちついた味わい
樽の中で2次発酵する
リアルエールが有名
アメリカ
実はクラフトビール大国!!
柑橘系の香りがする
アメリカンホップを
たくさん使っています
こういう国ごとの傾向をなんとなく覚えておくと
ビール選びのときに便利なんです
料理に合わせるときも同じ国合わせでいけます!
おおっ
飲み比べするときは
色の淡いものから濃いものへと飲んでいくとわかりやすいです
味も色が濃いほど強いです
なるほど!

8時間目

ビールはそもそもどうやって造るの？

　これまでで主なビールの分類について学んできました。この段階でも、ビール専門店に行ったときのメニューがだいぶわかるようになっているはずです。でも、まだまだビールの世界は広大です。

　8時間目では、ビールの原料や製法について掘り下げていきましょう。どのように造られているかをしっかり知ることで、より深くビールについて理解することができます。

ビールは醸造酒

　お酒には大きく分けると「醸造酒」「蒸留酒」「混成酒」の3つがあります。ビールは日本酒やワインと同じく「醸造酒」に分類されます。

　醸造酒はお酒の基本と言ってもいいかもしれません。原料を酵母で発酵させて造られるお酒です。ビールの場合は麦を発酵させていますし、日本酒では米を、ワインではブドウを発酵させて造ります。「何かが発酵してお酒ができあがる」というイメージは、全て醸造酒のものです。

ここでもポイントは「糖を発酵させるとアルコールと二酸化炭素になる」です。これがアルコール発酵の基本といっても差し支えありません。ビールの炭酸は、発酵のときに生じた二酸化炭素をそのまま閉じ込めて使っているものが多いのです。

醸造酒を造るときには、どうやって酵母が快適に発酵できる環境を整えるか、ということが重要になります。酵母のえさとなる糖分がしっかりと供給されているか、ライバルとなる他の菌が先に繁殖していないか。そういう点がどのように対策されているかに留意しながら、ビールの製造工程を見ていきましょう。

ビールの原材料

2時間目でビールは「麦とホップを主体にした醸造酒」と定義しました。その通り、ビールのメインとなる材料は「麦芽」「ホップ」「水」「副原料」です。これらを「酵母」を使って発酵させてできあがるのです。

★麦　芽

ビール造りにおいて、最も重要な原料が麦芽（モルト）です。麦の粒そのままでなく、芽が少し生えた麦芽の状態のものがビールでは使われるのです。なぜ麦ではなく麦芽にしなければならないのでしょうか。

麦だけではなく、穀物は栄養素をでんぷんの形で蓄えています。米も同じですね。その方が安定しているのですが、でんぷんは分子が大きいため、生物には少し利用しにくいのです。そこで、でんぷんを糖に分解して使います。実はこの行為は、我々も日常的に行っています。ご飯を食べるとき、唾液の中に含まれているアミラーゼという酵素の力で米のでんぷんを分解し、糖にして吸収し、消化しているのです。ご飯をずっと噛み続けていると甘くなるのは、この作業をしているからなのですね。

麦がその内に蓄えたでんぷんを利用して発芽しようと思っても、でんぷんの状態ではうまく使うことができません。糖に分解する必要があります。そこで、発芽する準備が整ったらでんぷんを分解する酵素を作り、でんぷんを糖に変えて利用します。このように、何らかの形ででんぷんを糖に分解することを「糖化」といいます。

また、麦に入っているのはでんぷんだけではありません。たんぱく質も含まれています。

たんぱく質もまた、そのままでは利用しにくいので、ペプチドやアミノ酸に分解する必要があります。なので、これらを分解する酵素も、発芽の際に作るのです。

ビール造りに必要なのは、でんぷんではなく糖であり、たんぱく質ではなくペプチドやアミノ酸です。というわけで、麦の状態ではなく、芽が少しだけ生えた麦芽を使うのです。ただし、芽がそのままどんどん伸びていけば、どんどんでんぷんが糖分に分解されていき、糖分はエネルギーとして消費されて減ってしまいます。そこで、芽がほとんど出てきていないうちに、発芽をストップさせなければなりません。発芽を止め、さらには味わいの邪魔になるので出てきた芽や根を取り除いて、ようやく麦芽の完成です。

もう少し詳しく麦芽の作り方を見ていきましょう。乾燥している麦は、そのままでは芽が生えません。そこで水に数日間漬け込みます。すると、発芽しても大丈夫だと判断をして、発芽の準備をします。この水に漬ける作業を「浸漬《しんせき》」もしくは「浸麦《しんばく》」といいます。

一度水に漬けた麦を低めの温度のところに置いておくと発芽します。最初は芽が麦の殻を出るほどは成長しないで、根が少しだけ殻を突き破った状態になります。必要以上に芽が伸びると、あとあと発酵に使う糖を使われてしまうため、発芽をすぐに止めなければなりません。ここで乾燥させると、麦の発芽はこれ以上進みません。乾燥作業のことを「焙《ばい》燥《そう》」といいます。焙燥では、あまりに高温にするとせっかくできた酵素がダメになってしまうので、ゆっくりと温度を上げるようにします。

その後は「除根《じょこん》」で根を取り除きます。これで麦芽の完成です。工場見学などに行って麦芽を見たことがある人は、芽などが生えていないと思ったことがあるかもしれませんが、殻の中に芽が生えている状態で止めてしまっているのですね。

また、麦芽をこのあと「焙煎《ばいせん》」することもあります。ロースターで焦がして、香ばしい風味と焦げた色をつけます。焙燥や焙煎をどんな温度でやるのかによって、焦げ色が変わります。それぞれ造るビールのスタイルに合わせた麦芽を使用します。黒ビールなどは、ローストした麦芽を10％ぐらい使うだけで、あの黒い色が出てくるのです。麦芽によってビールの色はほぼ決まるのですね。

ここまでが、製造工程で言うところの「製麦工程」です。

★ホップ

ビールの苦味や香りのもとになっているホップは、アサ科のツル性の植物です。雄株と雌株があり、ビール造りには雌株だけが使われます。雌株は成長すると松かさのような房をつけ、この房を球果（球花、毬花と呼ぶことも）といい、ビールの原材料になります。より正確にいうと、球果の中にある「ルプリン」という黄色い粉が、ビールの苦味や香りのもとになるのです。ビール造りにのみ使われているハーブの一種と考えるといいでしょう。

なぜビール造りにホップが使われるようになったのでしょうか。昔はホップ以外のいろいろなハーブをビールの原材料として使っていました。ビールに香りをつけるだけでなく、衛生条件が悪かったので、ハーブの殺菌作用を使って防腐対策をしていたのです。そうして試しているうちに、だんだんとビールにはホップが一番合う！　となって、ホップが主流になったといわれています。実際、ホップは抗菌に優れているだけではなく、特有の爽やかさや苦味は麦芽の甘味と絶妙なバランスですし、他にも食欲増進を始めとしたさまざまな効能があります。詳しくは9時間目でお話しします。

ホップは一種類だけの植物ではありません。いろいろな種類があり、中には香りが強いものや、苦味が強いもの、柑橘系の華やかな香りがするものなど、たくさんあります。ビール造りにおいてはこれらのホップを、時には1種類、時には複数種類使います。ちなみに苦味はホップの中にα酸がどのぐらい含まれているかで表すことができ、α酸が多いほど苦味の強いビールができあがります。

現在では、ホップの球果をそのままビールに使うことは少なく、ペレット状にしたものを使うことが多くなっています。

★水

ビール造りにおいて、かなり重要なのが「水」です。ビールのアルコールが5%ぐらいということは、残りの大部分が水であるということをも意味しています。というわけで、ビール全体の90%以上は水です。いい水でないと、おいしいビールができないのですね。

また、水によって発酵しやすい環境も異なります。ミネラルの多い硬水はダークラガーやペールエールなど色が濃く味わいの深いビールに、ミネラルの少ない軟水はピルスナーやライトラガーのような色が淡いスッキリとした味わいのビールに向いています。

醸造の流れ

ビールの醸造は、全部で5つの工程に分けることができます。製麦《せいばく》工程、仕込工程、発酵・貯蔵工程、ろ過工程、パッケージング工程です。

★製麦工程

麦芽のところでお話しした「浸漬」「発芽」「焙燥」「除根」「焙煎」を行って、麦を麦芽にします。麦芽は単一のものだけではなく、発酵に必要なベースモルトと、色に影響を与える色麦芽を使います。焙煎をして黒くなったチョコレートモルトやブラックモルトを少し加えるだけで、ビールの色は黒くなっていきます。もちろん、量を増やせば増やすほど色は濃くなります。

★仕込工程

仕込工程での目的は、できあがった麦芽を糖化して、ビールのもととなる麦汁を作ることです。こう書くと簡単に思えますが、雑菌が繁殖しないようにしたり、麦の

製麦工程
↓
仕込工程
↓
発酵・貯蔵工程
↓
ろ過工程
↓
パッケージング工程

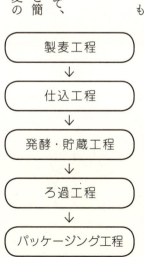

殻などを除去したりする必要があります。

〈麦芽粉砕〉

まずは麦芽を砕きます。殻がついたままだと中身がお湯に溶けにくいので、砕いて溶けやすくするのです。このとき殻を細かくしすぎると、後で殻を再利用するときに困るのと、渋味やえぐ味が出てしまうので、適切な加減が重要です。

〈糊　化〉

細かく砕いた麦芽を仕込み釜に入れ、お湯で加熱をして糊状にします。糊状にするので「糊化」ですね。この麦のおかゆのような状態をマイシェ（マッシュ）ともいいます。

〈糖　化〉

糊状になった麦のおかゆの中には、でんぷんとそれを分解する酵素がすでに入っています。もちろん、酵素はこの間もでんぷんを糖分に分解しているのですが、まだまだでんぷんの方が多い状態です。残っているでんぷんを分解するには、酵素が活動しやすい環境を整えてあげることが一番。働きやすければ酵素はどんどん糖分を作り出してくれます。こうして糖分をたくさん作る工程が「糖化」です。

糖化にはインフュージョン法とデコクション法の2通りのやり方があります。2つの違いはお茶を煎れることを考えるとわかりやすいかもしれません。インフュージョン（注入）法は一定の温度でティーバッグから成分を抽出するようなやり方、デコクション（煎じ出す）法は加熱して煮出すようなやり方です。

インフュージョン法では、ひとつの糖化槽を使って、一定の温度に保って糖化します。活動しやすい温度帯に保つだけでも、じわじわとでんぷんが糖に、たんぱく質がペプチド（アミノ酸が複数つながったもの）やアミノ酸に分解されていきます。

デコクション法では、糖化槽から一部のマイシェを仕込み釜に移し、煮沸。煮沸されたマイシェを元に戻します。加熱をすることで、エキスを多く煎じ出すことができるのですね。では全体を加熱してしまえばいいのではと思うかもしれませんが、それをやってしまうと酵素も全滅してしまうので、一部だけを加熱するというわけです。もうひとつの意味は、加熱されたマイシェを戻すことにより、マイシェ全体の温度を段階的に上げることができるためです。加熱したマイシェを戻す回数によってワンデコクション、ツーデコクション、スリーデコクションと呼ばれます。

ビールによって異なりますが、マイシェは50℃、65℃、75℃と段階的に上げていきます。50℃でたんぱく質の分解、65℃ででんぷんの分解がそれぞれ促進され、75℃で酵素の働きを止める（これを失活といいます）のです。

ちなみに副原料を使う場合、米やコーンスターチのようにでんぷん質のものだったら糖化のタイミングで投入されます。副原料のでんぷんも、糖化しなければビール造りには使えないからです。

〈ろ過〉

糖化が終わったマイシェはまだどろどろの状態です。麦の殻もたくさん入っています。このままでは効率良く発酵ができないし、雑味が多くなってしまうので、にごりのない麦汁にしなければなりません。そこでろ過を行います。

ろ過は目の粗いスリットが入った金属板を用いるロイター式と、ろ過布を使うフィルタープレス式があります。どちらの方法でも、マイシェの中に残っている麦の殻皮を利用します。ろ過槽にマイシェを入れると、麦の殻皮が金属板等にひっかかり、殻皮が積もっていきます。ろ過槽は底が開けられるようになっているので、殻皮を通り抜けた麦汁をさらに上からまたろ過槽に入れて……と繰り返すと、金属板の上に殻皮が積もった層ができあがります。これをろ過に利用するのです。殻皮層を通り抜けた麦汁は、不純物が殻皮にひっかかり、きれいにろ過されて透き通っています。この麦汁を次の工程で使うのです。

なお、大部分の麦汁を取り出した後も、殻皮に残っている分のエキスなどがあります。そこで75℃前後のお湯を上からかけて、残りのエキスもしっかりと抽出します。これをスパージングといいます。

最初にろ過した麦汁を一番麦汁、スパージングの後の麦汁を二番麦汁といい、それぞれ次の工程で使います。ちなみに、『キリン一番搾り生ビール』（キリンビール）はこの一番麦汁だけを使ったビールです。

〈煮　沸〉

ろ過された麦汁は煮沸釜に移され、煮沸されます。この段階で、ホップを投入します。目的は「ホップの成分を抽出する」「麦汁を殺菌する」「麦汁中のたんぱく質やタンニンを凝固させる」「麦汁の糖度調整をする」などです。

煮沸の際に、ホップを全部をまとめて一回で入れる他に、2回もしくは3回に分けて加える方法があります。ホップは加熱されると中のα酸がイソα酸に変換されるのですが、このイソα酸が苦味なのです。最初の方に加えられたホップは長く加熱されるので苦味も多く抽出されます。香りは温度が高いと飛びやすいので、香り付けのためのホップは最後の方に入れます。

煮沸が終わったら、ホップと凝固したたんぱく質（これをブルッフやトルーブといいます）を取り除き、冷却します。

〈冷却過〉

煮沸した麦汁では雑菌が殺されているのですが、あまりに高い温度だと酵母も活動できません。そのため、麦汁を冷やす必要があります。ただし、酵母の活動に適している温度（上面発酵で16℃から24℃、下面発酵で4℃から10℃）まで冷やすまでに、雑菌が繁殖しやすい温度帯を通るので、一気に冷やすことが重要です。冷却した麦汁には、酵母が活動しやすいよう、必要な酸素が供給されます。

〈酵母投入〉

ようやくできあがった麦汁に酵母を添加します。添加された酵母はすぐに活動を開始します。

ここまでの工程をちょっとまとめてみましょう。お酒を造るときの基本的な発酵原理は、「糖分をアルコールと二酸化炭素に分解する」です。従って、どうにかして糖分がたくさんつまった麦汁を用意し、発酵させなければなりません。その準備を行っているのが製麦工程であり、仕込工程です。製麦工程では麦を麦芽にし、成分がよく溶け込むように粉砕します。仕込工程ではそれをお湯に溶かし、でんぷんを糖に分解し、不純物を取り除き、発酵にとって理想の環境を整えているのです。

ビールは、まず糖そのものが含まれているわけではない穀物を糖化し、そのあとに発酵させるという工程で造られます。このように工程が大きく2つに分かれているものを単行複発酵といいます。糖化と発酵を同時にひとつの容器で行うものを並行複発酵といい、日本酒がそれにあたります。ワインのように糖化の必要がないもので造る（ブドウには糖分が含まれているので糖化しなくていい）ものは単発酵といいます。

★発酵・貯蔵工程

酵母が麦汁の中の糖分を発酵でアルコールと二酸化炭素に分解します。このとき、酵母の量が少ないと発酵が遅れて香味のバランスが失われますし、酵母が多すぎるとビールの味を損なうことがあります。最初に行う発酵を「主発酵」または「前発酵」といいます。

主発酵が終わったばかりのビールを「若ビール」といいます。若ビールは香りが未熟で、風味も粗く、飲んでもあまりおいしくないので、熟成させるために貯酒タンクに送ります。ここからが「後発酵」です。熟成することで残っているエキスが再発酵され、発生した二酸化炭素がビールの中に溶け込み、酵母由来の香りの成分が生み出され、フレーバーが調います。また、ビール内の酵母やたんぱく質といった浮遊物がだんだん沈殿していき、澄んだビールになります。エールは1ヶ月以上、ラガーは1ヶ月から3ヶ月（麦芽100％などエキス分が多いほど長い期間が必要になる）ほど貯酒して熟成させます。

★ろ過工程

貯酒が終わったらビール酵母や沈殿物を取り除くためにろ過を行います。ここで酵母が残っていると、瓶に詰めた後も発酵が続いて味が変わったり二酸化炭素ができすぎて容器が破裂してしまうおそれがあるので、しっかりと取り除かなければなりません。

ろ過は、今の日本では珪藻土を使って行うのが一般的です。ろ過により酵母が取り除かれることによって、ビールの品質が保たれます。

ろ過以外に、ビールを熱処理して酵母を殺菌する方法があります。これを微生物学の祖のパスツールにちなんでパストリゼーションもしくはパスチャライゼーションといいます。

熱処理をしていないビールが、日本では「生ビール」と呼ばれるものです。生ビール以外のビールは、かなり少なくなっています。

★パッケージング工程

できあがったビールをさまざまな容器に詰めます。瓶だったり缶だったり、樽だったり、さまざまな容器に詰めて送られます。これでビールの完成です。

海外のビールの中には、このときプライミングシュガーと呼ばれる糖や若い麦汁を加え、容器の中でさらに発酵させるスタイルもあります。

最後に、今までの話を踏まえてビール造りの工程を図にしてみました。この時間の最初の図と見比べてみてください。

製麦工程

麦を麦芽化する

「浸漬」「発芽」「焙燥」「焙煎」

↓

仕込工程

きれいな麦汁を造る

- 麦を破砕しておかゆ状にする（破砕・糊化）
- 麦のでんぷんを糖にする（糖化）
- 麦汁をろ過する（ろ過）
- ホップを加えながら麦汁を煮沸する（煮沸）
- 麦汁を冷却して酵母を加える（冷却・酵母投入）

↓

発酵・貯蔵工程

糖をアルコールにする

- 発酵させる（主発酵）
- 貯蔵して味を調える（後発酵）

↓

ろ過工程

酵母を取り除いて品質を安定させる

- （加熱して酵母を殺菌する）
- ろ過して酵母や不純物を取り除く

↓

パッケージング工程

ビールを容器に詰める

- 瓶や缶に詰める
- 麦汁などを加えて容器内で再発酵させるものも

8
時間目

SUMMARY

まとめ

ビールは発酵で造られる醸造酒

ビールの原材料は
「麦芽」「ホップ」「水」「副原料」

まず麦芽を造り、
発酵させやすいように液状（糊状）にする

麦汁を発酵させ、不純物を取り除く

貯蔵して味を調え、
容器に詰めて完成となる

9時間目

ホップって結局なあに？

8時間目ではビールの製造工程を詳しく学びました。多少のやり方の違いだったり、それぞれのビールごとにちょっとした工夫はあっても、だいたいあのような工程でビールは造られていきます。

9時間目では、ビールの原料の中でもかなり重要な存在でありながら、ビール以外ではあまり使われないホップについて、より深く掘り下げていきます。

ホップの種類

8時間目でも少しお話しした通り、ビールにとってホップの苦味は麦芽の甘味とのバランスが絶妙なので、ビールにとってなくてはならない存在となっています。ビールの苦味は主にホップからきているのですね。

ホップの中にあるα酸が、煮沸時に加熱されるとイソα酸となり、ビールに苦味を加えます。また、イソα酸は、ビールの泡の形成や泡持ちにも強く影響します。簡単に言うと、イソα酸が多いとビールはより苦く、泡は崩れにくくなるということです。さらにはビールの清澄化にも効果があるなど、ホップはビールに役立つ効能をたくさん備えています。

他にも食欲増進、消化促進、リラックス、安眠、鎮静、利尿作用などがあります。ビールを飲むとトイレに行きたくなるといいますが、その一部はホップの効能でもあるのです。ホップは冷涼で乾燥した地域で育ちます。生産量はドイツが最も多く、次いでアメリカです。日本でも北海道、青森県、岩手県、山形県などで作られていますが、大半はドイツ、チェコ、アメリカからの輸入に頼っています。

ホップは醸造評価に基づいて「ファインアロマホップ」「アロマホップ」「ビターホップ」「その他」に分類されます。

ファインアロマホップは、穏やかな香りが特徴のホップです。ビールになってからの苦味も穏やかで上品。代表的な品種はチェコのザーツや、ドイツのテトナングです。

アロマホップは、ファインアロマに比べると強い香りを持っています。アメリカでは柑橘系の香りがするホップが多く栽培され、ドイツでは花のような香りのホップが多く栽培されています。代表的な品種はアメリカのカスケード、ドイツのハラタウトラディションなどです。

ビターホップはα酸をたくさん含んでいて、苦味の含有量が多いタイプです。ファインアロマホップやアロマホップに比べると、香りはそれほど強くはありません。代表的な品種はドイツのマグナムやアメリカのナゲットなどです。

多くのビール造りでは、単一のホップだけではなく複数のホップを使います。煮沸の最初の方は苦味を多く抽出するためにビターホップを、最後の方では香りを出すためにアロマホップを投入するという感じです。香りをそれほど強くしないで、上品で華やかにするために最初にアロマホップを投入し、最後の仕上げにファインアロマホップを加える、というビールもあります。使われているホップに注目するとビールがより楽しくなります。

世界中でホップが不足している?

ビール造りになくてはならないホップですが、生産量は1996年から2006年ぐらいで見ると、7割未満まで落ち込んでいます。この間はビールが流行っていなかったのかというと、そうではありません。ビール生産量は1・3倍を超える勢いだったのにもかかわらずホップの生産が落ち込んだのです。

これは、より苦味の少ないビールが好まれるようになったのだと解釈することもできますが、どうもそうではないようです。1990年代にホップの供給量が過剰になり、価格が暴落したため、ホップ農家が作付面積を減らしたのが原因でしょう。ところが、その後に世界的なクラフトビールブームが起きたため、ホップが足りなくなったというわけです。現在では各農家が作付面積を増やしたりしていて、アメリカでの2013－2015年の収穫量及び生産量を見ると増えてきてはいるのですが、まだまだ必要十分な量を供給できているとはいえません。

クラフトビールを牽引しているのがIPA（アメリカン・IPA）ですが、これはホップをたくさん使うビールです。どのぐらいたくさんホップを使うのか。できあがったビールの苦味を表すIBU（International Bitterness Units、国際苦味単位）という単位で見てみましょう。ホップから抽出されたイソα酸などの苦味の含有量を測るものです。数値が大きければ大きいほど、たくさんホップを使っているという指針になります。

いわゆる日本の大手メーカーのピルスナーがＩＢＵ20前後なのに対し、ＩＰＡはＩＢＵ50を超えるものがほとんどです。単純に倍量のホップを使っているとはいえないのですが、それでもたくさんホップを使わないとここまでの苦味は出てきません。さらにどんどんビール愛好家が刺激（苦味）の強いＩＰＡを求めていった結果、ＩＢＵ１００以上のものや、ＩＢＵ１０００を超えるものまで登場しています。

ホップの生産量が減った上に、ホップをたくさん必要とするＩＰＡブームが起きたため、ホップが足りなくなったというわけです。ほとんどのホップは10年前に比べると2倍から3倍の価格に値上がりし、一時期は品種によっては5倍の価格に跳ね上がったほど。世界中でホップの争奪戦が行われているのが現状なのです。

このままホップ争奪戦が激化すると、ホップの値段は上がり、ビールの値段も上がり、場合によっては今までに飲んでいたお気に入りのビールが手に入りにくくなってしまうかもしれません。これからもおいしいビールを飲むためにも、ホップの動向には注目をしていきたいところです。

9
時間目

SUMMARY

まとめ

ホップはビールに
なくてはならないもの

ホップは、
ファインアロマホップ、アロマホップ、
ビターホップに分類される

世界的なホップ不足により
価格が高騰している

ホップ不足はIPAブームが一因

ビールの苦味は
IBUという単位で
表すことができる

10 時間目

国によって味わいは違うの？

8時間目ではビールの製法を、9時間目ではその中でも重要なホップについてお話をしました。原材料や製法によって、ビールの味わいは大きく変わってきます。なので、スタイルがあんなにも生み出されているのですね。

スタイルの中で、注目してもらいたいのが「国名」です。国の名前を冠したスタイルはたくさんあり、それぞれの国の気候や好みに合わせて造られたものが、世界に広まったものです。ということは、各国の傾向を知ることができれば、何となくビールの味わいを想像することができるかもしれません。国ごとの傾向を見ていくことにしましょう。

日本のビールってどんな感じ？

まずは日本のビールから見ていきます。日本の夏は高温多湿なため、ごくごく飲めるスッキリとしたラガータイプの、ピルスナーが主流であることは、すでにお話した通りです。

スッキリとしたのど越しのお酒ということで、発泡酒や第三のビールといった、麦芽をあまり使わない新ジャンルのビール風飲料も発売されています。

最近はその新ジャンルブームが少し落ち着いて、プレミアム志向へと移ってきているといわれています。プレミアムビールとは、原料や醸造方法にこだわりを持って造る高級志向のビールのことです。多くは麦芽100％で、高級感のあるパッケージで販売されています。代表的なものは『エビスビール』（サッポロビール）、『ザ・プレミアム・モルツ』（サントリービール）、『ハートランドビール』（キリンビール）などです。

ドイツのビールってどんな感じ？

ドイツのビールを語る上で重要なのが「ビール純粋令」という法律です。これは1516年に制定され、「ビールは麦芽、ホップ、水のみによって造られるべし」というもの。副原料を使うなというわけですね。酵母が入っていないのは、当時はまだ酵母が発見されていなかったからです。16世紀半ばに改訂され、酵母が加えられました。

これは500年以上もの間ずっと守られてきていたのですが、EUの前身にあたるEC（欧州諸共同体）発足時に、ドイツに輸入される他国のビールにまで適用しようとしたら異議が相次いだため、法的な拘束力はなくなりました。ですが、今なお多くのドイツのビール醸造所は、今まで通りにビール純粋令を守っています。

ドイツのラガーは銅や琥珀のような濃い色が多く、味わいが深く、コクがあって風味が豊かなものが多いです。これは、ドイツの水が硬水だからです。ラガーが主流ではありますが、エールタイプもあります。代表的なものはヴァイツェン、アルト、ケルシュです。

ベルギーのビールってどんな感じ？

ベルギーの醸造所で造られたビール、いわゆるベルギービールは日本でもかなり有名になりました。ベルギーのビールはとても多彩であらゆる種類の味わいがあるといっても過言ではありません。フルーツなどの副原料を使ったものや、温めて飲むビール、ワインのようなビール、さまざまな色のビール……マイナーなものも含めると１５００種類以上存在します。自然発酵のランビックもベルギーでのみ造られています。

これだけ多岐にわたるのは、隣国のドイツの10分の1の面積でありながら、ベルギーの国自体が多彩だからだといわれています。使っている言語でも北部のオランダ語圏と南部のフランス語圏に大きく分かれ（一部ドイツ語圏もある）、好きな味の方向性も異なっています。それぞれの地域ごとに異なる国や文化に影響を受けた人達は、一見バラバラに見えますが、郷土愛に満ちていて、村単位ですらオリジナルのビールを造るという共通点があります。でも好みが違うので、各地でできあがるビールが多彩になるのですね。

そんな多彩なベルギービールですが、一番流通しているのはラガータイプのピルスナーで、全流通量の7割以上を占めています。残りの3割にあたるエールやランビックにこれだけの種類があるのです。

イギリスのビールってどんな感じ？

イギリスはエール発祥の国です。エールの長い歴史があり、エールが人気です。イングランド北部ではモルトの風味を活かしたエールが人気ですし、中南部では紅茶のようなホップの香りと苦味を活かしたペールエールが人気なのです。全体的に落ち着いた味わいが好まれるといえます。

その最たるものが、イギリスの伝統的な「リアルエール」でしょう。リアルエールは樽の中で二次発酵が行われるビールで、カスクコンディションエールとも呼ばれます。ろ過も加熱処理もしないで樽（カスク）の中に詰められ、店に運ばれます。場合によっては二次発酵を促進させるための糖を入れることもあります。パブの地下にあるセラーに運ばれた樽は、飲み頃になるまで静かに熟成を進めていきます。パブの経営者やセラー管理者がおいしいタイミングだと判断したときに開栓され、飲めるのです。大量生産ではない、イギリスの伝統を守り続けているビールがリアルエールなのです。

提供されるときも無理に冷やしたりせず、12℃ぐらいのセラーの中の樽から手動のポンプでくみ上げられます。やや温度が高く、自然の炭酸ガスだけのリアルエールはとてもゆるやかな口当たりです。イギリスのビールはぬるくて泡がない、という話を聞いたことがある人もいるかもしれませんが、それはこのリアルエールからきている印象なのです。

ちなみに、エールが大好きなイギリスではありますが、缶ビールや瓶ビールの普及に伴ってピルスナーも多く飲まれるようになっています。

アメリカのビールってどんな感じ?

ビールだけではなく、発酵は長い歴史が必要というイメージがあります。特に日本に住んでいると味噌や醤油や日本酒といった歴史のある発酵食品に囲まれているため、そういう印象が強いのかもしれません。そうなると、歴史の浅い国には発酵の文化があるのかという疑問を抱くかもしれませんが、アメリカにもビールの歴史があるのです。今のアメリカはビール大国であり、クラフトビール文化の中心地といっても過言ではありません。

まず大前提として、アメリカには有名な禁酒法（１９２０年から１９３３年）がありました。ようやく禁酒法が解禁され、いよいよこれからだというときに大企業によるライトラガーやピルスナーの売り込みがマスコミを通じて拡大。その結果、小規模なビール会社がたくさんつぶれてしまったのです。

そうした中で、大手メーカーの大量生産に反発して昔ながらの伝統的なエールを飲もうという運動がまずイギリスで起こります。この運動はイギリスにとどまらず、世界中に影響を与えました。アメリカでも西海岸周辺を中心に小さな醸造所が生まれ、クラフトビールを造り出したのです。これらの動きがアメリカ全土へと広がっていき、世界的なクラフトビールブームへとつながりました。今やアメリカのクラフトビール醸造所の中には、大手メーカーをおびやかすほどの規模のものもあります。

アメリカのビールの特徴は、アメリカ産のホップによる香りでしょうか。現在のクラフトビールブームを牽引するアメリカン・ＩＰＡもアメリカ産ホップをたくさん加えたことによる柑橘系の華やかな香りが人気です。

他にも、ビールを造っているところはたくさんあります。ちょっと特殊な例としては、「トラピスト」でしょうか。これは特定のビアスタイルのことではなく、「トラピスト会修道院で造られているビール」という意味です。もともとはベルギーで6カ所、オランダの1カ所だけが生産を許されていたのですが、最近ではオランダにもう1カ所、オーストリア、アメリカ、イタリアにそれぞれ1カ所増えて、合計11カ所で造られています。なぜ修道院でビールを造るのか、ちょっと疑問に思うかもしれません。巡礼者をもてなすためだったり、断食時の栄養補給だったり、水の飲用による伝染病の防止だったり、収入確保だったり地域の雇用確保だったりと、さまざまな理由があります。また、トラピストの専用グラスは、聖杯の形をしていたりします。

10
時間目

SUMMARY

まとめ

日本のビールは
スッキリとしたのど越し

ドイツのビールは
味わい深くコクがあり、風味が豊か

ベルギーのビールは多彩で何でもありで、
フルーティーなものも多い

イギリスのビールは落ち着いた味わいで、
伝統的なリアルエールがある

アメリカのビールは華やかな香りで、
クラフトビールブームを
牽引する

11時間目

たくさんある「生」ビール

今回学ぶのは、今までなんとなく使っていた「生ビール」という言葉についてです。居酒屋などでも「とりあえずビール」というのではなく、「とりあえず生」という人もいるのではないでしょうか。そして、メニューに「生」と書いていないにもかかわらずにそれで注文が通ってしまうお店も少なくありません。それぐらい、お店に行ったら「生」が定着しているということでもあります。

でも、よくよく考えてみると「生」ビールとは何なのでしょうか。お店によっては「生ビール」と「瓶ビール」とでメニューが分かれているものもありますが、瓶ビールもよく見てみると「生ビール」と書かれていたりします。それぞれでなんとなく味が違うような気がしたりすることまでもあります。これはいったいどういうことなのか、意外とわかりにくい生ビールについて一度整理してみましょう。

生ビールってそもそも何？

生ビールなどのお酒でいう「生」とは、「加熱をしていない」という意味です。生チョコレートや生キャラメルのように生クリームが入っているという意味ではありません。加熱をしていないといっても、ビールの場合は仕込工程で麦汁の煮沸が必ず入りますので、厳密にはろ過工程の際に加熱をしていないものを「生」ビールと呼んでいます。

なぜ熱処理を行うのか。それは、ビールが完成した段階で酵母を殺菌して、それ以上余計な発酵が進まないようにするためです。昔はろ過技術が未熟だったので熱処理をしていたのですが、1960年代に入ってろ過の技術が向上した結果、ろ過だけでしっかりと酵母を取り除くことができるようになりました。そこから、加熱処理をしていたビールを「熱処理ビール」、ろ過だけで酵母を取り除いたビールを「生ビール」もしくは「非熱処理ビール」と呼ぶようになったのです。

今発売されている日本の大手メーカーのビールは、ほとんどが「生」ビールです。瓶や缶をよく見てみると「生」もしくは「非熱処理」という文字が書かれています。ということは、瓶ビールもそれが熱処理ビールではなかった場合、生ビールになりますよね。実際のところ、樽の中に入っているビールと瓶の中のビールと、ついでにいうと缶ビールも含めて、それが同じ銘柄だったら中身の違いはほとんどありません。ではいったい、お店のメニューにある「生ビール」とは何なのでしょうか。

生ビールと同じ意味で使われている「ドラフト」ビール

生ビールとほぼ同じ意味で使われている言葉に、ドラフトビールがあります。ドラフト(Draft)とは容器から容器へ注ぎ出す、樽からくみ出すという意味で、文字通りに解釈すると「樽から直接くみ出したビール」です。昔は樽に詰めるビールのほとんどが熱処理されていなかったこともあり、加熱処理をしていないビールのことをドラフトビールと呼ぶようになりました。

その結果、生ビールおよびドラフトビールは以下のように定義されています。

「熱による処理(パストリゼーション)をしていないビールです。なお、生ビールまたはドラフトビールと表示する場合は「熱処理していない」旨を併記してあります。「非熱処理」と表示する場合もあります。」

(ビール酒造組合「特定用語の表示基準」より抜粋)

つまり、樽に入れていなくても、熱処理をしていなければ缶ビールでも瓶ビールでもドラフトビールとなるのです。これは主に日本とアメリカで通用する定義です。他の国では樽に詰めたものだけがドラフトビールと呼ばれています。

というわけで、だんだんと見えてきました。「生ビール」と「瓶ビール」はどちらも中身は同じものですが、樽に詰められている「ドラフトビール」を狭義の「生」ととらえて、「生ビール」として差別化をしているのです。生ビールとしてジョッキに入れられるビールは、樽につながっているビールサーバーから注いでいるということなのです。

味わいの違いに関しては、注ぐ技術の問題かもしれません。ビールサーバーなどでお店の人が注いでくれるものに対し、瓶ビールを自分で注ぐとなると、注ぐ技術の差で味が違うと感じている可能性があります。もしくは、樽のビールがいまいちと感じたら、ビールサーバーのメンテナンスが不十分な可能性も。なぜメンテナンスが重要なのか。少しだけビールサーバーの仕組みを説明しましょう。

ビール樽には2つのホースがつなげられるようになっています。ひとつはビールサーバーにつながり（ビールホース）、もうひとつは炭酸ガスボンベにつながっています（ガスホース）。ガスホースはビールの液面より上（空気中）に、ビールホースは液面の一番下につながっていると思ってください。炭酸ガスを出すと上からビールが押され、底のビールホースへと押し出されていき、ビールサーバーへビールが運ばれるという仕組みです。ビールが傷まないよう、炭酸ガスの力を利用しているのですね。

そうして送られたビールは、ビールサーバーの内部のコイルを通るうちに冷やされ、カランに到達したときには冷えた状態で出てくるという仕組みです。こうしたサーバーは「瞬冷式サーバー」と呼ばれていて、常温の樽生ビールでもすぐに冷たく提供できます。

このようなサーバーの場合、内部のコイルやビールホースなどをきちんと洗浄できていないと汚れの原因となり、味が落ちてしまうのです。メンテナンスが重要なのですね。

生ビールと熱処理ビールはどう味わいが違うの？

同じビールでも、生ビールと熱処理ビールとでは、どう味わいが違うのでしょうか。最大の違いは、熱処理ビールは加熱をしているというところにあります。

香りの成分は液体の温度が低いほどよく溶けます。ということは、温度が上がると、香りが外に逃げてしまいます。香りが飛ばないよう注意しながら熱処理を行っても、多少の香りが減ってしまうのは仕方がないことなのでしょう。熱処理ビールの方が生ビールに比べて、香りが穏やかになります。

それだけではありません。今までは香りや甘味で隠れていた苦味が少し前に出てくるのです。従って、生ビールに比べて熱処理ビールの方が香りが穏やかで、苦味がやや強いといえます。

熱処理ビールは昔から「これじゃないと」というファンが一定数いるビールでもあります。過去にはキリンビールが『キリンラガービール』を生ビールに切り替えたときに、ファンが離れて売り上げが落ちてしまったため、熱処理ビールを『キリンクラシックラガー』として販売するようになったという話もあるほどです。味比べをするのも面白いかもしれませんね。

11
時間目

SUMMARY

まとめ

生ビールはろ過工程で
加熱処理をしていないビール

熱処理をしていなければ、
樽も瓶も缶も全て日本では「生ビール」

ドラフトビールは樽詰めのビールの
意味だが、生ビールと同義に扱われている

居酒屋での「生ビール」は樽につながって
いるビールサーバーから出るビール

熱処理ビールの方が香りが穏やかで
苦味を強めに感じる
傾向がある

12 時間目

結局ビールはどうやって選べばいいの？

　ここまでビールのスタイルや、製法、それらによる味の違いについて学んできました。そこでわかったのは、ビールはとにかく多彩で、種類がたくさんあるということです。ではどうやって、自分の好みのビールを探し出せばいいのでしょうか。

　ここで忘れてはならないのは、人によって好みは違うということと、経験によって好みは進化していくということです。最初のうちは苦味のあるビールを苦手と感じていても、たくさんビールを飲んで経験を積んでいくうちに、だんだん苦味がないと物足りなくなってくるかもしれません。ようは、そのときどきで「自分が好きなビール」を探していく必要があります。

　ここでは、ビールの経験が浅い人がどうやって自分の好みのビールを探していけばいいのか、その方法についていくつか語っていきます。

味覚は育つ

人によって味覚は違います。たとえば苦いお茶を飲んだときに、ある人は苦くて飲めないと思い、別な人は苦くておいしいと思うことでしょう。同じお茶でも感想にこれだけ差が出るのは、それぞれ味覚が異なるからです。

では、味覚は先天的なもので、一生変わらないかというとそうではありません。味覚には生まれたときからおいしいと感じる「先天的味覚」と、経験を積むことでおいしいと感じる「後天的味覚」とがあるのです。

先天的味覚は、甘味や旨味、塩味などを味わう能力です。これらの味を感じる能力は誰にでもあり、しかもおいしいと感じます。子供が甘いものを好きなのも、先天的味覚が甘味をおいしいと感じているのです。

一方で酸味や苦味は後天的味覚です。子供の頃から酸味のあるものや苦味のあるものが得意だったという人は少ないのではないでしょうか。これらを人体に有害であると感じているのです。酸味は腐敗、苦味は毒、と認識してしまうのですね。

ただし、これらの味はずっと苦手なままというわけではありません。経験を積んで、これは有害ではないとわかると、だんだんおいしく感じるようになります。一般的には酸味はティーンエージャーから、苦味はその後ぐらいからだんだんおいしいと感じるようになるようです。

ビールの味わいの特徴は、なんといっても麦芽からくる甘味とコク、ホップからくる苦味やキレです。このうちの甘味などは最初からおいしいと感じ、苦味は経験を積むことでおいしいと感じるのですね。今はビールが大好きという人でも、小さい頃に親が飲んでいたビールをなめたら苦くておいしくなかった、という人もいるのではないでしょうか。これはまだ苦味に対する経験が足りていなかったということに他なりません。大人になっていろいろなものを食べていくうちに、苦味が平気になり、ビールをおいしく感じられるようになったというわけです。

従って、今の自分はどれぐらいの苦味が好きなのかということを調べるのが、ビール選びのひとつのコツになります。

色の淡いものから濃いものへと飲んでいこう

複数のビールを飲み比べて好みを探す場合、飲む順番に少し注意しなければなりません。たとえば、とても苦いビールを飲んだ後に繊細な味わいのビールを飲むと、物足りなさを強く感じてしまう可能性があるからです。

そこでオススメなのが、色が淡いものから濃いものへと順番に飲むことです。色が濃いビールは苦味や風味も強いので、淡いものから飲んでいくことでビールごとの微妙な味わいの差を感じ取れるのです。たとえば最初はヴァイツェンなどの小麦を多く使ったビールを飲み、次いでペールエールやIPAを。そして中濃色のアンバーエールを経て、濃色のポーター、スタウトへと飲んでいけば、それぞれのスタイルごとの味の特徴をしっかり楽しむことができます。

ポイントを分けて注文するやり方もある

ビールがたくさんあるお店で飲むときには、ポイントを絞って注文するというやり方もあります。ビールの好き嫌いを「苦味」「酸味」「甘味」「香り」「アルコール感」に分けて、それぞれ特徴のあるビールをお店にお願いするのです。「酸味に特徴のあるビールが飲みたいです」「フルーティーな香りのビールはありませんか」のように注文してみましょう。

出てきたビールが自分の好みだったら、まずはそのビールの名前を覚えます。そこからバリエーションを試していきます。キーワードになるのは「濃いの」「軽いの」「苦いの」「甘いの」「酸っぱいの」です。「もっと濃いのをお願いします」「これよりもう少し苦めのはありますか」「もう少し酸っぱい方がいいんですが……」などです。こうして試していくうちに、好みにばっちり合うビールを必ずや見つけられるでしょう。

ただし、このやり方には少し欠点もあります。さまざまなタイプのビールを置いているお店でないと難しいということの他に、いま自分が好きだと思っているビールだけに集中してしまうことがあるということです。

たとえば自分は甘いビールが好きだとしましょう。最初に「甘味に特徴のあるビールをください」と注文し、それがとてもおいしかったとします。でも、そこから「濃いの」「軽いの」と注文し

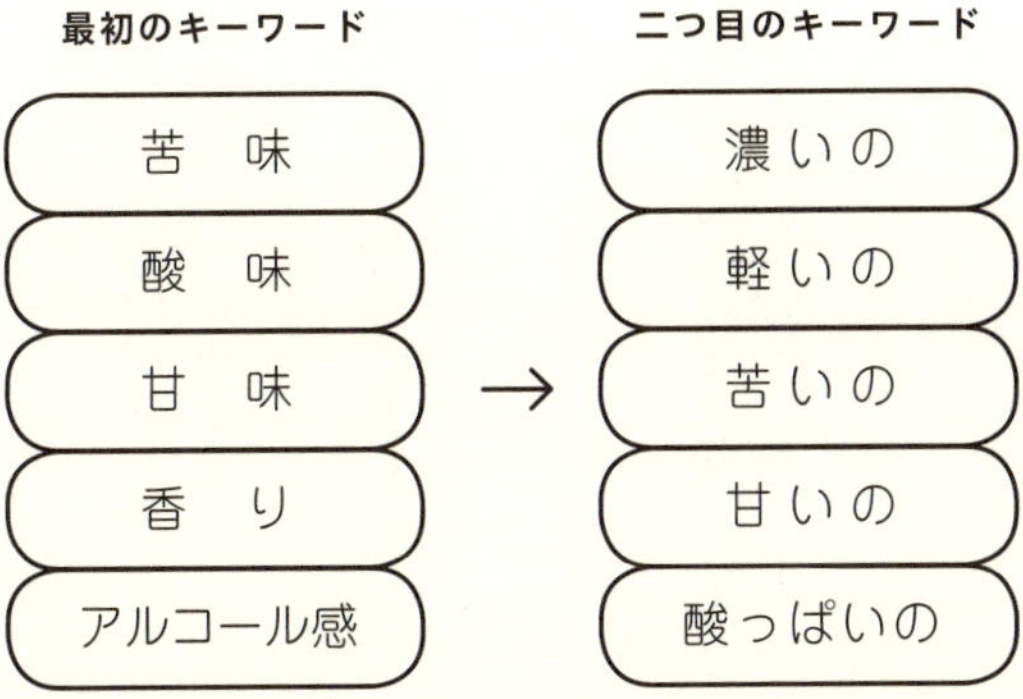

ていくと、新しい可能性には気づけません。

味覚は経験と共に成長していきますから、もしかしたら今までは苦手だった酸味の強いビールを今の自分は好きかもしれません。でも、甘いビールだけを注文していたらそのことにはなかなか気づけないでしょう。

というわけで、このやり方をするときには、先入観や飲まず嫌いはやめて、できるだけいろいろな種類を試してみてください。

広告から選ぶやり方もある

日本の大手メーカーのビール限定になりますが、広告から味わいを想像するやり方もあります。ほとんどの広告のうたい文句には、メーカー側がこのビールのどこを強く推していきたいのか、という特徴が含まれていることが多いからです。

たとえば「ホップのアロマ」という言葉が入っていたとしましょう。この場合は、アロマホップをたくさん使って華やかな香りを出していたり、ホップを添加する方法を工夫している可能性が高くなります。「厚みのある味わい」であれば、マイシェの一部を加熱して戻すデコクション方式で、段階的に温度を上げていくことで、味わいを重ねていくよう造られている可能性が高いのです。「キレの良さ」だと飲み終えた後のおいしさが消えるのが早く、後味がスッキリしているというわけですね。

大手メーカーのビールの味わいの評価は、色、光沢、泡立ち、泡持ち、香り、味、後味、濃醇さ、苦味の強さや質で行います。ここが頭に入っていると、広告文句を見たときにこのビールはどこを強調したいのだということがわかるようになります。

また、おいしいと思ったビールがあったら、広告をチェックして、どこを強調しているのかを確認するのもいいでしょう。別のビールでも同じようなうたい文句があったら、好みに近いビールの可能性が高くなるからです。

12
時間目

SUMMARY

まとめ

ビールの苦味は後天的味覚で味わう

後天的味覚は経験により成長する

色の淡いビールから濃いビールへと
順番に飲んでいこう

ビールの味のポイントごとに
注文してみる方法も

気に入った味があったら、
そこをさらに深掘りする

コラム② いろいろあるビールの味わいを表す用語

ビールを見てみると、説明文にはさまざまな表現があることに気づかされます。その中にはいくつかカタカナで記載されているものもあります。中には、何となく意味がわかるような気がするけれども、はっきりとした意味がわからない言葉もあるのではないでしょうか。一部を解説してみます。

・アロマ

鼻で感じる香りのこと。モルトアロマはモルトによって造られる香り、ホップアロマはホップによって造られる香り、エステルは酵母の発酵で生まれる香りというように、原料などで香りが変わってくる。それぞれの香りが強いビールを「モルティーなビール」「ホッピーなビール」「エステリーなビール」といったりする。

・フレーバー

なんとなくアロマと同じように香りを意味していると考えがちだが、アロマが香り（嗅覚を刺激）に対してフレーバーは風味（味覚を刺激）の表現。口に含んだときに感じる香りだけではなく、味や食感も含めた総合的な味わいのことを表している。ビールの場合は、口に含んでから口中に広がる味わい、食感から、のど越しまで含めたものをフレーバーといっている。

・オフフレーバー

何かひとつの香りが突出して、ビール全体の味わいを損なっている場合には、その香りのことをオフフレーバーという。主に保管が不適切だったりして、劣化したビールにオフフレーバーは表れる。

・ボディ

味というよりは、口に含んだときや喉を通るときの感触を表す言葉。水のようにさらっとしていたらライトボディ。とろっとしたシロップのような甘味を持つものはフルボディ。その中間がミディアムボディ。

これらは、すでにある食べものを使って表現されることが多いということも覚えておくといいでしょう。たとえば「焼きたてのパンのようなアロマ」「バナナのようなフルーティーなアロマ」などです。

ビールを見てみよう

ブロロロロ。
星急
注文してたビールが届いた～!!
さっそく飲むぞ～～
グラスもビールも
コチコチー
しっかり冷やして…
SEA STAR IPA
う～ん…
あれれ
なにかがちがう…

CHAPTER 4 第4章

飲み手目線で

13
時間目

泡を制するものはビールを制す

今までの講義では、多彩なビールの種類と、その選び方について学んできました。ここからは、実際にビールを飲むときに知っておくといいこと、飲み手の目線でビールをどうやって楽しむのかということを学んでいきましょう。まず最初に学ぶのは、「泡」についてです。

他の飲み物にない、ビールならではの特徴のひとつに泡があります。たとえば同じ炭酸飲料として、コーラを見てみましょう。グラスに移したとしても、ビールほどの泡は出てきません。少し泡が出たとしても、すぐに消えてしまいます。ビールのようにもこもこと、そしてしばらくの間消えない泡は他にないですよね。

また、ビールの注ぎ方などを見ていくと、泡をどのように扱うかという記述が多いことに気づきます。つまり、ビールをおいしくするためには、泡に注目すればいい。泡を制するものはビールを制すのです。じっくりとビールの泡と対峙してみましょう。

ビールの泡の正体とは

お店で頼むビールにはきめ細かいクリーミーで長持ちする泡がのっています。ビールには炭酸ガスが含まれていますが、それだけではこのような泡にはなりません。いったい、何が原因でこのような泡ができるのでしょうか。

ビールの泡は、空気と接触している泡の内側には疎水性（水をはじくような性質）の膜が、ビールと接している外側には親水性（水となじむような性質）の膜が形成され、炭酸ガスを包み込み、洗剤のような界面活性を保った構造になっています。ビールの表面張力が弱まり泡ができ、泡の膜がビールの成分によって支えられているため長持ちするのです。この泡を支える成分が、麦芽に含まれているたんぱく質と、ホップからくるイソα酸です。たんぱく質が膜を支え、イソα酸がそれを補強するのですね。界面活性剤というのは水にも油にもなじむ性質のもので石けんや洗剤を想像するとわかりやすいかもしれません。洗剤の泡がなかなか消えないように、ビールの泡も消えないというわけです。

ちょっとややこしかったかもしれませんが、ビールの中に入っているたんぱく質とイソ

α酸が長持ちする泡を造っている、と思えば大丈夫です。では試しにホップを入れないでビールを造ってみるとどうなるでしょうか。イソα酸が入っていないため、泡はいったん立つものの、すぐに消えてしまいます。かといってイソα酸だけを水に溶かして泡立ててみても泡は全くといっていいほど立ちません。泡が立つにはたんぱく質が、泡を維持するにはイソα酸が必要です。というわけで、ビールのあの泡立ちには麦芽のたんぱく質とホップのイソα酸が組み合わさることがとても重要なのです。他の炭酸飲料で、泡が出たとしてもすぐに消えてしまうのはホップの苦味成分が入っていないからなのですね。

試しに、一度ビールの泡だけを味わってみましょう。ビールそのものより苦く感じると思います。これは、苦味の成分であるイソα酸が泡に多く集まっているからなのです。

ちなみに、たんぱく質の多いビール、たとえばヴァイツェンなどの小麦たんぱく質が豊富に含まれているビールは他のビールよりも泡が立ちやすかったりします。いつものつもりで注ぐと、思ったより泡が出てしまうので注意しましょう。

泡の敵もビールの中にいる？

では逆に、ビールの泡を壊してしまうものは何でしょうか。代表的なのは、たんぱく質を分解するプロテアーゼ（たんぱく質分解酵素）です。泡はたんぱく質とイソα酸が支えているのですから、そのうちの片方を分解されると泡が壊れてしまうのですね。このプロテアーゼは酵母の細胞の中に存在しています。そのため、熱処理をしていない生ビールなどでは、酵母から漏れたプロテアーゼによってたんぱく質が少しずつ分解され、泡持ちがだんだん悪くなってしまうということが起きてしまいます。

プロテアーゼは新鮮で活性の高い酵母からはほとんど漏れ出てこないので、常にいきいきとした酵母を使ってビール造りは行われます。

ちなみに大麦の中にもプロテアーゼは含まれています。これは製麦工程で利用されています。大麦のたんぱく質をアミノ酸やペプチドに分解する非常に重要な作業を行います。でも、あまりに分解が進みすぎると泡を形成するために必要なたんぱく質まで分解してしまうので、分解されすぎないように注意をして作業する必要があります。

また、脂質も泡の敵となります。ビールの泡は脂質に触れると構造を乱し、長持ちしなくなってしまうのです。代表的なものは食用油の成分に含まれているリノール酸などの脂肪酸でしょうか。脂っこいおつまみを食べながらビールを飲んでいると、口についた脂質がグラスやビールに移り、だんだん泡が消えていくということが起きます。一度そうなると、同じグラスに注ぎ直しても泡がほとんど立ちません。そうなったら新しいグラスにビールを入れ直すようにしましょう。

条件は同じはずなのにいつもと泡の出方が違うなと思ったら、気温や気圧が原因の可能性もあります。気温が上がってビールの温度が上がると、ビールの中に溶け込んでいる炭酸ガスが多く外に出るため泡は増えます。逆に温度が低すぎれば思ったように泡が立ちません。また、気圧が低いと、同様に炭酸ガスが出やすくなるので泡立ちがよくなります。

泡の効能

ビールの泡には、どういうメリットがあるのでしょうか。泡を出してもいいことが何もなければ、泡を立てないで飲む方がいいということになります。でも、実際にはいいことがたくさんあるため、泡を出して飲んでいるのです。

まず、泡がビールの蓋の役割をしているということが挙げられます。実はビールに限らずなのですが、お酒にとっては空気が重大な敵となります。酸素に触れることによって酸化し、味わいが変わってしまうからです。ビールの泡が蓋をしていると、空気が液面に触れないため、味が急速に落ちるということがありません。また、香りが外に逃げていくことを防いでもくれます。泡が蓋をすると考えると、ビールの泡はきめ細かい方がいいという理屈がわかるのではないでしょうか。粗いよりも目が詰まっている方が蓋としての効果が高いので、とても小さい泡の集合の方がいい泡なのです。もちろん口当たりも細かいクリーミーな泡の方がいいということもあります。

それから、泡には苦味や雑味を吸い取ってくれる効果があります。ビールの泡は洗剤の泡と同じ原理でなかなか消えないというお話をしました。洗剤の泡が汚れを吸着するように、ビールの泡は苦味や雑味を吸着するのです。泡はビールの成分でいうとたんぱく質とイソα酸で支えられているのですが、まさにこれが苦味なのですね。ビールの中の苦味が泡で外に出ているのなら、ビール本体はそれだけ苦味が少なくなり、飲みやすくなります。

最後に、泡は外からの空気によって作られるのではなく、ビール内に溶け込んでいる炭酸ガスによって発生するということも見逃せません。ということは泡が出れば出るほど、炭酸ガスが抜けて刺激が弱まるのです。刺激が弱まることによって、ビール本来の香りや味が見えてくることもあります。また、強い炭酸ガスを含むビールを飲むとお腹がすぐに張ってしまいますが、適度に炭酸を出してあげればそこまでお腹は膨れません。

以上のことをまとめると、ビールで泡をしっかりと出すことには、空気に触れないようにして味を保つ、苦味や炭酸を吸着させて、お腹も膨れないすっきりとした味わいにするという効果があります。

美しい泡のビールはおいしい

ビールの泡について覚えておいた方がいいことがもうひとつあります。それは「美しい泡のビールはおいしい」ということです。見た目においしそうなビールは、味もおいしいということですね。きめ細かい泡と澄んだ液面のビールは、見るからにおいしそうだと一目でわかるのです。

泡が美しいということは、それだけグラスに注がれたビールが本来のおいしさを十分に発揮できる状態であるということでもあります。泡があまり立っていない場合、ビールが冷えすぎていたり、グラスに汚れがある可能性があります。炭酸ガスに限らず、気体は液体の温度が低い方がよく溶けます。そのため、ビールやグラスの温度が低すぎると炭酸ガスが溶けたままになり、あまり泡が出てこないのです。

またほとんどの場合、グラスの汚れは残った脂です。その脂に反応してぶくぶくとした長持ちのしない大きい泡、通称カニ泡が出てしまうのです。もしもホコリなどがついていた場合でも、そのホコリに反応して途中からカニ泡が出てしまいます。これらの泡はすぐに割れてしまうので泡立ちが悪く見えますし、想定以上に炭酸ガスが抜けてしまいます。逆に泡が立ちすぎている場合も問題です。あまり冷えていないか、もしくは乱暴に取り扱って衝撃が加わり、泡がたくさん出てしまった可能性があります。

もうひとつ泡について覚えておいた方がいいのは「きれいな泡のビールは飲んだ後も美しい」ということです。ビールを一口飲むごとに、グラスの内側に泡の輪がくっきりとできれば、いい状態のビールだということです。この泡の輪を「レーシング（Lacing）」といいます。ちょっとお洒落に「エンジェルリング（天使の輪）」ということもあります。レーシングはきめの細かい泡でなければできません。

泡が蓋の役割をしておいしさを保つということは、泡が消えないうちに飲む方がおいしいということでもあります。泡が消えてしまえば、せっかく空気に触れないように防御していたのも水の泡です。レーシングが残るということは、泡がきちんと残って飲み頃のままビールを飲めているということになります。

一回飲んで、またビールを机の上に戻すたびにレーシングができ、何回でビールを飲み干したのかがわかるようになっていれば、そのビール本来のおいしさを余すところなく堪能できたということなのです。

もちろん人によって、一回で飲む量は異なります。レーシングが残るぐらいが、一番おいしくビールを飲める量ということを覚えておきましょう。

ビールと泡の割合はどうしたらいいのか

では実際に、ビールと泡の割合はどれぐらいがいいのでしょうか。よく言われているのが、グラスやジョッキに占める泡の割合は30%ぐらいが見た目にもバランスがとれていて美しいということです。飲んでみると、泡とビールが一緒に口の中に入ってくるので、口当たりもスムーズ。泡も一緒に味わいたいという人にはちょうどいいといえます。

たとえば泡を多くして50%ぐらいになったらどうなるでしょうか。苦味は減るかもしれませんが、飲むときに泡が口に入りすぎて、なかなかビールにたどり着けません。なかなかビール本体を飲めないのはもどかしいですよね。

逆に泡を少なくしてみるとどうでしょうか。30%より少ない、20%から10%にするとほとんど泡を感じずにビールを飲むことができます。お酒をとにかく飲みたいという人にはこちらの方がおいしいと感じるかもしれません。泡の感触が好きな人には物足りなさを感じさせるでしょう。

というわけでいろいろ比べてみた結果、泡は30%ぐらいがやはりバランスがよく、万人受けする理想の割合であるということのようです。泡が多い方が好きな人も、少ない方が好きな人も、まずは30%の味わいを確かめてみるといいでしょう。そこから泡を多くしてみたり少なくしてみて、自分にとって理想の割合を探すのです。

注ぎ方によって味わいは変わる？

泡の量は注ぎ方で変わります。では、泡の感触以外にも、注ぎ方によって味わいは変わるのでしょうか。これは、変わると断言することができます。もちろん自分で試してみてもいいのですが、プロの技を体験するとしたら、東京は新橋にある「ブラッセリー　ビアブルヴァード」へ行ってみるといいでしょう。ここでは「アサヒスーパードライ」を3通りの注ぎ方で飲むことができます。きめ細かいクリーミーな泡と強い炭酸を楽しめる「シャープ注ぎ」、ふわりとした泡で炭酸の刺激を楽しめる「サトウ注ぎ」、炭酸が抜けて麦の味わいを楽しめる「マツオ注ぎ」は、それぞれ味を比べてみると同じビールとは思えません。

泡の立たせ方によって泡そのものどころか、ビールに残る炭酸の量をもコントロールするプロの技を、是非お店にいって体験してみてください。

13
時間目

SUMMARY

まとめ

泡は苦味と雑味を吸着する

泡はビールに蓋をして
空気に触れさせない役目を持つ

泡がきれいなビールはおいしい

レーシングが残る量が適量と言える

注ぎ方によって
ビールの味わいは変わる

14
時間目

グラスによって味わいは変わるの？

13時間目ではビールにとって泡がとても重要だということを学びました。その中で、泡があまり立っていないときはグラスが汚れていることがある、という話があったのを覚えていますでしょうか。きれいな泡が味わいにとって重要であるなら、それを生み出すためにはグラスもかなり重要な役割を占めているのです。

また、ベルギービールを飲んだことがある人は、グラスの多彩さにも驚いたと思います。ビールはいったいどういうグラスで飲めばいいのか。グラスについて学んでいきましょう。なお、これから紹介する数々のグラスは、16時間目でもイラスト付きで紹介していますので、合わせて見てみてください。

ガラス製がいいの？　陶器製がいいの？

ビールはその美しい色合いや泡とのバランスもおいしさのうち、とよく言われます。もともと世界中で飲まれているピルスナーが爆発的に流行したのも、透明なガラス製のグラスが普及し始めた時期に重なり、中身が黄金色に輝く美しいビールが現れたからという面もあるといわれています。ビールを目でも楽しむには、飲むビールに合わせてグラスを変えてみるというのが一番なのは間違いありません。

では、陶器製のタンブラーやジョッキはどうなのでしょうか。最大のメリットは、クリーミーな泡を作りやすいところにあります。釉薬を塗りすぎていない、少しざらざらした感触のある器だと、注ぐときにざらついた部分にビールが擦れて小さい泡が出るのです。そうした泡は長持ちするので、細かいテクニックが要らずに簡単に最適な泡で飲むことができるのです。また、厚い陶器だと温度が変化しにくいということもあります。デメリットは、泡で中身が全く見えないことです。おちょこを使って飲む日本酒ではお酒が透明なので器の色合いを楽しむことができますが、ビールだと泡が邪魔をしてそれもできません。

まとめると、お手軽にクリーミーなビールを楽しむのなら陶器製が、見た目も含めて楽しむにはガラス製がいいとなります。見た目を重視しているガラス製の方がさまざまな形のグラスが用意されているので、以後は特別な注記がないかぎりガラス製を前提とします。

ビールごとに専用のグラスがあるベルギービール

ベルギービールを飲むことができるお店の中には、銘柄のロゴが入った専用グラスで出してくれるところがあります。一瓶がきっちりとグラスの中に収まるような容量になっているところは、まさに専用グラス。しかも、スタイルに合わせて形状も異なります。

ベルギービールのグラスは「ビールの由来にあわせた形」「そのビールの泡を重視した形」「そのビールの香りを重視した形」「そのビールの炭酸感を重視した形」に分けることができます。

ビールの由来に合わせた形は、主にトラピストビールで見られます。修道院で造られているビールは、聖杯やゴブレットの形状をしています。いわゆる足と台がついていて、上に大きく広がっているタイプです。飲み口が広がっているため、豊かな香りや味わいを楽しめると共に、一度に飲む量が少なめになるので重厚な味わいのビールに向いています。

泡を重視した形には、上の方がくびれたチューリップ型があります。ポイントになるのは、一度くびれたあとにまた広がっていることでしょうか。くびれの部分で泡がきゅっと絞られるため、しっかりとした泡が盛り上がります。それでいて最後は広がっているので香りを存分に楽しむことができます。華やかな香りのビールに向いている形状です。また、通称ヴァイツェン型と呼ばれる（ヴァイツェンはベルギービールではありませんが）、ウィートグラスという細長く下の方がくびれているグラスもここに入るでしょう。たんぱく質が多く、泡立ちやすい白ビールは注いだときから泡が出るので、早めに絞っているのです。

きゅっとしまった泡ではなく、ビール内の泡が美しく立ちのぼるのを見るにはフルート型が一番です。細長く、口が少し細めになっている、シャンパングラスのような形状です。ピルスナーを入れてもいいですし、フルーツビールもこれで楽しみたいところです。

ビールの香りを重点的に楽しみたい場合には、口が広いグラスを使うことが重要です。飲むときに鼻がグラスの中に入るような大きさならば、存分に楽しむことができると考えて良いでしょう。上がすぼまっているグラスは、香りが逃げずにカーブに沿って中にこもるため、強く香りを感じます。このときポイントなのは、ビールをグラスギリギリまで注がないことでしょうか。ワインを想像してもらうとわかるのですが、空気がグラス内にとどまる空間があると、より香りを楽しむことができるのです。また、チューリップ型のように一度上がくびれてから外側に広がっているグラスは、香りが一度滞留してから広がっていくという特性を持っています。

同じビールでも、グラスの形状によって味わいは変わります。ベルギービールはできることなら専用グラスで楽しみたいところですね。ちなみに、ロゴが入っている専用グラスだと、ロゴの真ん中をビールと泡の境目にするとちょうどいいバランスになるよう作られています。

まだまだあるいろいろなグラス

ビール用のグラスはこれだけではありません。まだまだたくさんの種類があります。ビアパブでおなじみのパイントグラスは、実はイギリスとアメリカでは容量も形状も違います。アメリカ（USパイント）は1パイントが473㎖、イギリス（UKパイント）では568㎖だからです。また、形状もUSパイントグラスは厚手でストレートタイプ、UKパイントグラスは上部に少しぽこっとした膨らみがある薄手のグラスです。

ストレートなグラスは、のど越しを重視しています。ビールが直線的にスムーズに流れるので、炭酸の刺激が喉にダイレクトに伝わると思うといいでしょう。一方の上が少し膨らんでいるUKパイントグラスのようなタイプは香り重視といえます。グラスの曲線によってビールと炭酸が対流しやすいので、きめ細かい泡ができるのもポイント。最近の日本ではプレミアムグラスと呼ばれている、上部にゆるやかなふくらみがあるグラスも同じ原理です。ペールエールやスタウトなどに向いています。

ストレートなグラスでは、細長い円柱型のシュタンゲ型もあります。シュタンゲはドイツ語で棒という意味。文字通り棒のようなグラスです。泡持ちがそれほどよくないので、少量をすぐに飲みきるビールに向いています。ドイツのビールではケルシュやアルトなどがこのグラスで飲まれています。

最近人気急上昇なのは、アメリカン・IPA専用のグラスであるIPAグラス。最大の特徴は、下部が波打つようになっているのと、上部がワイングラスのような膨らみを持っていることでしょうか。この波打つ部分が、飲むたびにビールを刺激して、新たな細かい泡を作ります。アメリカン・IPAはたくさんのアメリカンホップによる柑橘系の香りと豊かな苦味が特徴のビールなので、泡を常に作ることで口の中にビールと泡が最適な分量ずつ入るようにしているようです。味の違いにびっくりしてしまうほどですが、この形は家で扱う際には洗いにくいという欠点も持っていたりもします。

変わった形状といえば、底が丸くて机の上に置けないグラスもあります。もともとは馬車の御者が使っていたもので、御者台のラックにひっかけていたことからきた形なのです。今は木製の専用ラックやコースターを使って机の上に置けるようになっています。見た目が楽しいグラスですね。

もちろん、居酒屋でよく見るビールジョッキも忘れてはいけません。大容量でガラスが厚いジョッキは、香りがどうこうというよりはぐいぐい飲むための器です。「乾杯!」と叫びながらぶつけ合って飲めるのはジョッキならではといえるでしょう。わいわい飲むのだったらジョッキが一番盛り上がると思います。

最初に手に入れるのにオススメのグラスは?

たくさんの種類を紹介してきましたが、家でビールを楽しむときにはどんなグラスを使えばいいのでしょうか。もちろん、飲むビールごとに専用のグラスを用意するのが一番ではあります。ベルギービールの専用グラスは、ベルギーまで行かなくてもインターネット通販で購入することができます。だいたい600円前後と、意外と安かったりもします。何でもひとつひとつ揃えるのは、予算的にも食器棚の容量的にも現実的とはいえません。何より、たとえばAというビールの専用グラスに、Bという別のビールを入れていいのかという心情的な問題も出てくるでしょう。ちなみに、そうして別のビールを試すのも個人的には楽しいのでオススメではあります。

ではどうすればいいのか。最初は3種類のグラスをそろえるようにしましょう。細めで背の高いピルスナーグラス、円筒状のタンブラー、そしてチューリップ型のグラスです。この3つがあれば、ほとんどのビールに対応することができます。そこから気に入ったビールが見つかったら、専用グラスを探してみましょう。

ピルスナーはいうまでもなく、日本の大手メーカーが出しているビールのほとんどを占めているビールです。なんだかんだと、飲む機会も一番多いのではないでしょうか。そこで、モルト感やホップの香りを楽しめるピルスナー用に造られたグラスがひとつあると、たとえば新商品が出たときにこのグラスを持ち出せばいいとなるのです。また、炭酸ガスがストレートに喉を刺激しますので、爽快感も味わえます。高温多湿な夏に、ピルスナーをぐいぐい飲むにはばっちりなのです。

円筒状のタンブラーは、どんなスタイルにも合う万能性が魅力です。ペールエールでも

ＩＰＡでも、とりあえずタンブラーがあれば味わいをじっくりと楽しむことができます。さまざまな大きさがありますから、自分にとって最適な量（ビールがおいしいうちに飲みきれる量）を選ぶといいでしょう。

チューリップ型のグラスは、華やかな香りやアルコールを豊かに感じることができます。フルーツビールや、バーレイワインなど、香りに特徴があったりアルコール度数が高いものはチューリップ型で飲みたいところ。ビール用ではなくても、ワイングラスでも大丈夫です。少量をしっかりと味わうテイスティング用では、日本地ビール協会が開発した「ベストアロマグラス」もオススメ。ビアフェス（23時間目で説明します）の会場で購入することができます。

グラスはどう扱えばいいの？

せっかく買ったグラスも、適当に扱うと台無しになってしまうことがあります。まず覚えておいて欲しいのは、グラスは冷凍しない方がいい、ということです。

キンキンに冷えたビールを楽しむには、ビールを冷やすだけではなく器を冷やすことも重要です。器の温度が高いと、せっかくのビールが温められてしまいます。そこで、グラスを冷凍庫に入れて冷やしたくなります。ところが、冷凍庫に入れるとグラスの内側に氷や霜がついてしまい、ホコリなどと同じようにビールの味わいの邪魔をしてしまいます。なので冷凍庫に入れるのはオススメできません。

では冷蔵庫に入れるといいのでしょうか。ビールが入っているのと同じ冷蔵庫なら、ちょうど同じ温度になりやすいので最適ともいえます。ただし、食材がたくさん入っている冷蔵庫の場合は、においがついてしまう可能性があるので注意が必要です。

グラスを冷やすのに一番いい方法は、飲む前に氷水を入れて、何回かかきまわして冷やすという方法です。保管しているときについてしまったホコリも取り除けますし、グラスもしっかりと冷えます。冷やし終わったら氷水を捨てて、軽く水を切りましょう。内側が濡れているとビールが薄まるような気がしますが、少し濡れていたとしてもそれほど味は薄まりません。グラスの中をきれいにすることでおいしいビールが飲めるということを覚えておきましょう。

グラスを洗うときに一番大事なことは、手をしっかりと洗うことです。グラスをきちんと洗ったとしても、そのあとに触って手の脂がついてしまっては台無しになるからです。事前に手を洗い皮脂を落としておくことで、きっちりきれいになるのです。

洗うときにも注意しなければならないことがあります。それは、意外とグラスの表面は傷がつきやすいということ。できるだけグラス専用のスポンジを用意し、柔らかい面だけを使うようにしましょう。傷がつくと、これもまたホコリなどと同じようになってしまうので、できるだけ柔らかい面で軽くこするように洗う必要があります。

すすぎは、できればきれいな流水で3回以上しっかりと行います。すすぎが不十分だと、残った洗剤が粗い泡を発生させてしまう原因になるからです。

洗い終わったグラスは、すぐに使うのでなければ自然乾燥をしましょう。ふきんで内側を拭くと、油分や糸くずがグラスについてしまう可能性があります。油や煙がかからないようなところで、水切り網などの上に逆さまにして乾燥させましょう。このとき、ふきんなどの上に置いて乾燥させるとグラス内が蒸れてしまうことがあり、ひどいときには蒸れ臭がついてしまうことも。ビールの味が落ちてしまうので、網などの上で自然乾燥を徹底するようにしましょう。

14
時間目

SUMMARY

まとめ

ガラス製にも陶器製にも
それぞれの良さがある

ベルギービールを代表に、
ビールにはそれにあったグラスがある

最初はピルスナーグラス、タンブラー、
チューリップグラスがオススメ

多少の水が残っていても
ビールは薄まらないため、
グラスを冷やすときは氷水で

洗ったグラスは
自然乾燥で乾かそう

15 時間目

料理とビールはどうやって合わせたらいいの？

ビールに合わせるおつまみといったら何を思い浮かべるでしょうか。ある人は真っ先にフライドポテトを思い浮かべるかもしれませんし、またある人はソーセージを思い浮かべるかもしれません。

でも、よくよく考えると、料理の種類に限らず「とりあえずビール」と注文するのはよくある光景です。そう、ラガータイプのビールは、割とどんな料理にも合うのです。

なぜどんな料理とでもおいしく飲めるのか、ラガー以外のビールではどうなのか、料理とビールの相性について、15時間目では学んでいきます。

ビールを飲むと体内で起きること

まず、味そのものではないお話をちょっとだけしたいと思います。それはビールを、特にラガータイプを飲むといったいどういうことが体内では起きるのかについてです。

我々の身体の中には、より正確に言うと細胞内にはカリウムとナトリウムとが一定の割合で含まれていて、バランスをとっています。どちらも不可欠ではありますが、重要なのはバランスということをまず念頭においてください。

ビールにはカリウムが大量に含まれていて、ナトリウムはあまり含まれていません。割合でいうと、1リットルあたりカリウムは約400mgで、ナトリウムは約20mgです。これが多いか少ないかちょっとピンとこないと思うのですが、血液に含まれている量がカリウムで200mg、ナトリウムが3200mgと考えると少しイメージしやすいかもしれません。ビールのカリウムとナトリウムのバランスは、体内のそれとは正反対なのです。その結果、ビールを飲み続けると、カリウムを大量に摂取することになる一方、ナトリウムはあまり摂取できないということが生じます。

カリウムが増えてバランスが崩れたのなら、どうしたらいいか。ナトリウムを増やそうと、脳が指令を出すのです。そうやってバランスをとるのですね。

というわけで、ビールを飲むと塩分（正確にはその中のナトリウム）が欲しくなるのは、身体の生理的な欲求だったのです。ちょっと塩気のあるおつまみがビールとよく合って、気がついたら全部食べてしまったという経験をしたことがある人も多いと思いますが、それはもう仕方のないことだったのですね。

さらに、カリウムには過剰に摂取したナトリウムを排出するための利尿効果があります。ビールを飲むとトイレが近くなると感じている人は、間違いではありません。これも生理的な現象なのです。ナトリウムは不足していたじゃないかと思うでしょうが、不足して摂りたくなった結果、塩気の効いたものをたくさん食べてしまい、結果として今度はナトリウムが多くなるというケースが多いのですね。

さらにつけ加えると、もともとアルコールにも利尿作用があります。尿を濃縮して少なくする作用を持つ、抗利尿ホルモンの分泌が抑えられるからです。そしてホップにも利尿作用があります。その結果、ビールを飲むとカリウム、アルコール、ホップの力でトイレに行きたくなってしまうというわけです。だいたい飲んだ量の1・5倍の水分を排出させるといわれています。

ビールの味わいの特徴は

ビールの味わいの表現として、多くの人が聞いたことがあるのが「コク」や「キレ」ではないでしょうか。「コクがあるのにキレがある」というフレーズもありましたが、いったいコクやキレというのは何なのか。まずはそこからお話をしていきます。

★コク

コクとは、ひとことで表現すると「濃い深みのある旨味」のことです。料理で味を重ねていったり、発酵食品などが長期間熟成したときに、味に深みが増して広がりが得られると「コクがある」というのです。コクは基本的には褒め言葉で、コクがあっておいしいとはいいますが、コクがあってまずいとはいいません。コクはあった方がいいのです。

ビールのコクの正体は、香味の濃さや力強さ、広がり、まろやかさや心地よさ、飲みごたえなどが全て合わさったものです。口に含んだ際に、これらの味わいの総合的な強さをコクと表現しているのですね。なので、単体の「コク味」があるわけではありません。

ビールのコクは、麦芽からきていると考えるといいでしょう。もちろんそれ以外にも要因はありますが、麦芽のみのものと、副原料を加えたものとだと、コクには差が出ます。

★キレ

一方のキレは「後味がすっきりしていて軽快で、爽快感がある」ことを意味しています。風味に雑味が含まれていない純粋さを感じさせ、軽快感や爽快感を味わえる。飲んだ後はいつまでも口の中に残らず、スッと消える。これがキレです。

ただし、後味がすぐに消えるだけではキレがあるとはいえません。それだと、ほとんど味がしないビールでもキレがあるということになってしまいます。ポイントなのは、味わいの最大値との落差があるということです。力強い味をしっかりと感じるのにもかかわらず、スッと消えていく。これがキレがあるということです。

キレの主成分はホップからきています。ホップの苦味は消えるのが早く、舌や喉に残りません。ホップの苦味はキレのいい苦味なのです。また、ホップは柑橘系の香りなどの爽快感を得られる香りを持っています。この香りも、味の膨らみというコクを与えたり、爽快感というキレを与えます。

★ビールの中に含まれている味わい

ビールには、五味と呼ばれる甘味、酸味、塩味、苦味、旨味に加え、渋味までもがバランス良く含まれています。ビールに比べますと、日本酒やワインは甘味、旨味、酸味に少し偏っているといえます。また、香りが突出しすぎていなくて、アルコール度数が低い分、比較的淡く感じるというところから、料理の味わいを邪魔する要素が少ないお酒ともいえます。これが、ビールがあらゆる料理に合うといわれている要因です。

もうひとつ、ビールの特徴には、炭酸ガスからくる爽快感があります。この爽快感で、料理を食べた後の口の中を洗い流す効果があるのです。そうやって口の中をリフレッシュさせることで、次の料理をまた新鮮に感じさせてくれるというわけですね。

これらのコク、キレ、五味のバランスによってビールの味わいは決まります。

ビールの味わいと料理の合わせ方を具体的に見ていこう

では実際に、料理の味わいとビールの相性が本当にいいのか、もう少し詳しく見ていくことにしましょう。

「料理とお酒の相性がいい」ということには、いくつか意味が重なっています。脂っこい料理を食べたあとに、ビールで口の中の脂を洗い流してさっぱりした。これも料理との相性がいい、ということのひとつです。
それから、料理とお酒が同じ方向性を向いていて、それぞれの味を壊さない組み合わせというのも、相性がいいことに数え上げられます。甘いものには甘いお酒、苦いものには苦いお酒という組み合わせですね。
そして、五味がバランス良く含まれているビールでは、味を対比させて楽しむという組み合わせが存在します。ちょっと想像しにくいかもしれませんが、スイカと塩の関係を思えばわかりやすいでしょうか。スイカに塩をかけると、スイカの甘味を塩味が引き立ててより甘く感じることができますよね。同様に、甘味のあるビールに塩味の料理を合わせて楽しむことができるのです。これも、相性がいいということです。

この中で一番難しいのは、味の対比でしょうか。異なる味わいを使って対比させるとはいっても、どういう組み合わせがあるのかを考えるのは難しいですよね。というわけで、どういう味に対しては、ビールの持つ味わいがどう作用するのかを説明していきます。

まずは料理の甘味から。甘味に対しては、ビールの持つ苦味や渋味が働きます。甘さを少しおさえ、くどさを感じさせず、さっぱりとさせる効果があるのです。甘い料理やスイーツと合わせるときには、ホップの苦味が強めのものがよく合います。アルコールの刺激と料理の甘味もよく合うので、アルコール度数が高めで苦味が強いスタウトなどは甘い物と合わせるとかなりおいしいです。また、甘味と酸味の相性の良さも見逃せません。ラガータイプでは酸味が少ないので気づきにくいのですが、酸味の強いランビックなどはフルーツと相性がいいし、実際にフルーツを漬け込んだりします。

料理の酸味はどうでしょうか。これはやっぱり甘味との相性がとてもいいです。味の対比という意味では王道ですね。酸っぱい料理には甘いビールを合わせましょう。また、フルーティーな香りと酸味の相性がとてもいいということも覚えておくと、ペアリングの幅が広がります。

料理の辛味に関しては、これもまた甘いビールの相性がいいです。こちらは対比というよりは、辛味を緩和するという効果の方が大きいでしょうか。辛さの方向性にもよるのですが、唐辛子の辛さではなく、カレーの辛さの場合は乳酸系を感じさせる甘酸っぱいビールなどもよく合います。ちょうど、カレーとラッシー（ヨーグルトドリンク）の関係を考えるとわかりやすいでしょう。

山菜や野菜などの、少し料理に渋味やエグ味を感じるものの場合は、ビールの甘味が役立ちます。こちらは対比というよりは、和らげる効果ですね。甘味が少しでもあると、渋味やエグ味は軽減されます。ビールには軽い甘味が含まれているので、山菜などと一緒に食べてもよく合うのです。もちろん、もっと強い魚介類のわたとの相性もいいです。

料理には旨味を感じるものも多いです。特に和食は旨味の宝庫といっても過言ではありません。そんな旨味ですが、ビールの苦味や渋味との相性がとてもいいです。苦味や渋味が料理の持つ旨味を引き立ててくれるのですね。和食にもビールが合うのは、これがあるからです。

そして塩味ですが、これはもうビールとよく合います。もともと生理的に塩分が欲しくなるということもありますが、ビールの酸味が適度に塩味を和らげてくれる効果もあります。おかげで、どんどんおつまみが進んでいくのですね。

ここまでは料理の味わいを主体に、ビールの味とどう合わさるかというお話をしてきました。ここでいったん、ビールの味を主体に料理の味はどう合うのかということを簡単にまとめてみます。ビールを主体に料理を選ぶときには、こちらの考え方を参考にしてみてください。たとえばIPAなどの苦味が強いビールを飲むときには、甘めのものとか、旨味のあるものを食べる、といった感じです。

ビールの甘味：渋味やエグ味を和らげてくれる。酸味や辛味とも相性がいい
ビールの酸味：塩味を和らげてくれる
ビールの苦味：甘味をさっぱりとさせ、旨味を引き立てる
ビールの渋味：旨味を引き立てる

色や国で合わせてみるやりかたもある

ここまでは味覚を中心に、ビールと料理を合わせる方法について学んできました。最後に、そこまでややこしくない、割と簡単なビールと料理の合わせ方を紹介しましょう。それはずばり、「色」と「国」を合わせるというものです。

色は料理の色合いと、ビールの濃淡を合わせるということです。白っぽい色だったらビールは白ビールを、黒っぽい色の料理だったら黒ビールを合わせるのです。料理の色と味の濃さはほぼ比例するので、これが合うのですね。もともと黒ビールは焙煎した麦芽を入

れて造りますので、料理の焦げ感との相性がいいのです。

そしてもうひとつは、国です。その国のビールと、その国の料理。これはよく合うに決まっている気がしませんか？　和食と日本酒、和食と日本で発展したピルスナー。どちらも合いますよね。これを組み合わせるのです。

たとえばドイツといったらソーセージ。普通のソーセージだったらピルスナー、白ソーセージだったらヴァイツェンを合わせるといいでしょう。ベルギーを代表する料理はフリッツ（フライドポテト）です。これにはホワイトエールがよく合います。有名なベルギーチョコには、ダークストロングエールなどの黒ビールを合わせましょう。アメリカのハンバーガーにはアメリカのペールエールというように、このやり方だとほとんど失敗をせずに、有効な組み合わせが見つかります。

15
時間目

SUMMARY

まとめ

ビールを飲むと塩分が欲しくなる

ビールを飲むとトイレに行きたくなる

コクやキレは両立する概念

ビールには五味や渋味が
バランスよく含まれているため、
どんな料理にも合う

味が同じということの他に、
味を引き立てたり、刺激を
和らげる組み合わせもある

16
時間目

温度はどうすればいいの？

ビールは非常に繊細な飲み物でもあります。理由はいろいろありますが、最大のポイントは炭酸ガスをも楽しむ発泡性のお酒ということでしょうか。炭酸ガスの刺激が売りのビールを飲もうとしたときに、ガスが抜けていたらちょっとがっかりしちゃいますよね。炭酸ガスにも大きな影響を与えるし、香りにも大きな影響を与えるのがビールの温度です。ビールにはスタイルごとにそれぞれ適温があり、その幅は意外と狭かったりもします。

もちろん、人の好みはそれぞれなので、自分はこの温度が好きだ。適温とか関係なく、高めの温度にしたい。みたいに自由な温度で飲んでも何も問題はありません。でも、世界中で多くの人達が、この温度で飲むとおいしいと思う温度が適温なのです。まずは適温で飲んで、そのときの味わいを基準とし、そこから自分の好みの温度を探しても遅くはありません。16時間目では、そんなビールと温度の関係について学んでいきます。

温度が変わるとビールはどうなる？

まず最初に覚えて欲しいのは、温度が上がると液体の中の気体は外に出てくる、ということです。温度が低いほど気体は液体によく溶けるので、温度が上がると溶け込めきれなかった気体が外に出てきてしまうのです。

ビールの中に溶け込んでいる気体は2種類。香りと炭酸ガスです。どちらも温度が上がると、外に出てくるのですね。ここでポイントになるのは、一度出てきた気体が再び液体に溶け込むのはかなり難しいということ。最初はふわっと香りが広がっていくように感じますが、時間が経つにつれてだんだん香りは弱まってしまうし、炭酸感は損なわれてしまいます。

一方で、温度が低すぎるときのことを考えてみましょう。香りも炭酸ガスもよく溶け込んでいる、と書くといい表現のように聞こえますが、実際にはそれほどいいことではありません。外に出て鼻を刺激して香りを感じるので、溶け込んだままだと弱い香りになってしまうのです。もちろん、炭酸感も弱まり、泡立ちは悪くなります。これを、香りが閉じている、冷えすぎて味が死んでいる、と表現したりもします。

温度が変わると味の感じ方はどうなる？

温度が変わると、ビール側が変わるだけではありません。人の味覚も変わるのです。たとえば、甘味は体温に近ければ近いほど強く感じる味わいです。ぬるくなったジュースやコーラを飲むと、普段より甘く感じたことはないでしょうか。温度が変わっただけ、つまり中の糖分は変わっていないのに、甘さが変わったと感じるのは、味わった側が甘味を強く感じているということなのです。甘味は体温に近いときに一番強く感じます。

ビールには重要な苦味も、温度が変化すると感じ方が変わる味わいです。実は、苦味は温度が低くなればなるほど強く感じるのです。冷めてしまったコーヒーを飲むと、苦く感じるのはこのためです。同じように温度が低い方が強く感じ、温度が高くなるとあまり感じなくなる味わいに塩味があります。冷めた味噌汁をしょっぱく感じる理屈ですね。

酸味は温度の影響をほとんど受けません。温度を高くしても低くしてもそれほど味わいは変わらないのです。でも、温度が低い方が、酸っぱいという感覚が爽快感につながりやすかったりもします。

ここまでのことを組み合わせると、いわゆる日本のラガータイプのピルスナーがキンキンに冷えて出されることが多い理由が見えてくるのではないでしょうか。温度を低くすることで、香りはそれほど出ていなくて炭酸感は弱いものの喉に冷たい刺激が加わります。味わいも、甘味は少なく、苦味と渋味はやや強くなり、酸味から爽快感を得られます。これらは全て、ゴクゴクと飲むのに心地良いようになっているのですね。暑い夏に、冷たい刺激を得るのにはぴったりといえます。

でも、この飲み方だと、ピルスナーのおいしさを全て引き出せているわけではありません。適温というわけではないのです。

各スタイル別の適温とは

ビールの適温での法則は、ラガーは低く、エールは高くです。また、アルコール度数が低いものは温度も低く、高いものは温度も高く。色が淡いものは温度を低く、色が濃いものは温度を高くということも覚えておきましょう。

低いといっても0℃近くではありません。だいたい6℃前後です。前述のピルスナーの適温はだいたい6℃から8℃ぐらいです。キンキンに冷えた、それこそジョッキを冷凍庫に入れているような温度だと、ちょっと冷えすぎといえます。日本の大手メーカーは夏場には4℃から6℃ぐらいを推奨していますが、個人的な好みでは夏場でも7℃ぐらいが好きです。もっともこれは、冷えすぎているのが好きではないというだけでもありますが。目安としては、常温のビールを冷蔵庫に入れて3時間から5時間ぐらい。それを取り出してすぐの温度と考えればいいでしょう。

エールの、温度を高くというのもそれほど高い温度ではありません。だいたい10℃前後です。エールのような上面発酵のビールは、醸造時の温度が16℃から24℃と高めだし、常温で飲むもの、みたいな言説があるのでもう少し高めの温度を想像している人もいるかもしれません。エールの本場イギリスの気温は日本に比べると低めなので、でも実際に飲むときは、10℃ぐらいがおいしいです。目安としては、冷蔵庫に3時間から5時間ぐらい入れて、取り出してから室温で5分から10分ぐらい置いておくとだいたい10℃前後になります。冷たいというよりは、ひんやりとした、という温度です。

エールの中でも、ポーターやスタウト、ブラウンエールなどの色の濃いものは、もう少しだけ温度が高い方が香りが引き立ちます。だいたい12℃前後でしょうか。冷蔵庫から取り出した後、室温で15分ぐらい置くと、そのぐらいの温度になります。触るとひんやり涼しい、という感じが目安です。

インペリアルスタウトのようなアルコール度数が高いものは、もう少しだけ温度を上げましょう。15℃ぐらいまで上げてもおいしいです。ここまでいくと、触ったときに、あれ？冷えていない？　いや冷えている？　と思うぐらいの温度です。冷蔵庫から取り出した後、20分放置してから飲むといいでしょう。

もちろんこれらの温度、特に冷蔵庫から取り出した時間は目安です。実際にいちいち測るのは面倒だと思いますので、おおざっぱにこれぐらいの時間おいておけばいい、と思ってください。

ここまでの各スタイルの適温を、14時間目にお話ししたオススメグラスとあわせて図にしてみました。

温度を自由に楽しもう

ここまで適温について説明してきました。繰り返しにはなりますが、これらは必ずこの温度をおいしく感じなければならないという意味ではありません。また、意外と馬鹿にならないのがビールを飲むときの体調です。汗をたくさんかいていて喉が渇いているときは、冷えているものをゴクゴク飲む方が心地良いでしょう。また、やや高めの

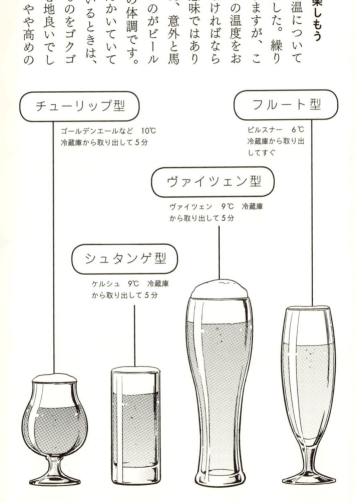

温度のエールをゆっくりと味わうという気分じゃない日もあるかもしれません。なので、あくまで適温は適温として考えて、そこを基準にして自分の好みを探すのです。正解や不正解で考えるものではありません。自分にとっておいしい温度ならば、それが正しいのです。

　なので、あまり冷えていないな、もう少し冷やしたいなと思ったら氷を入れてみてもいいでしょ

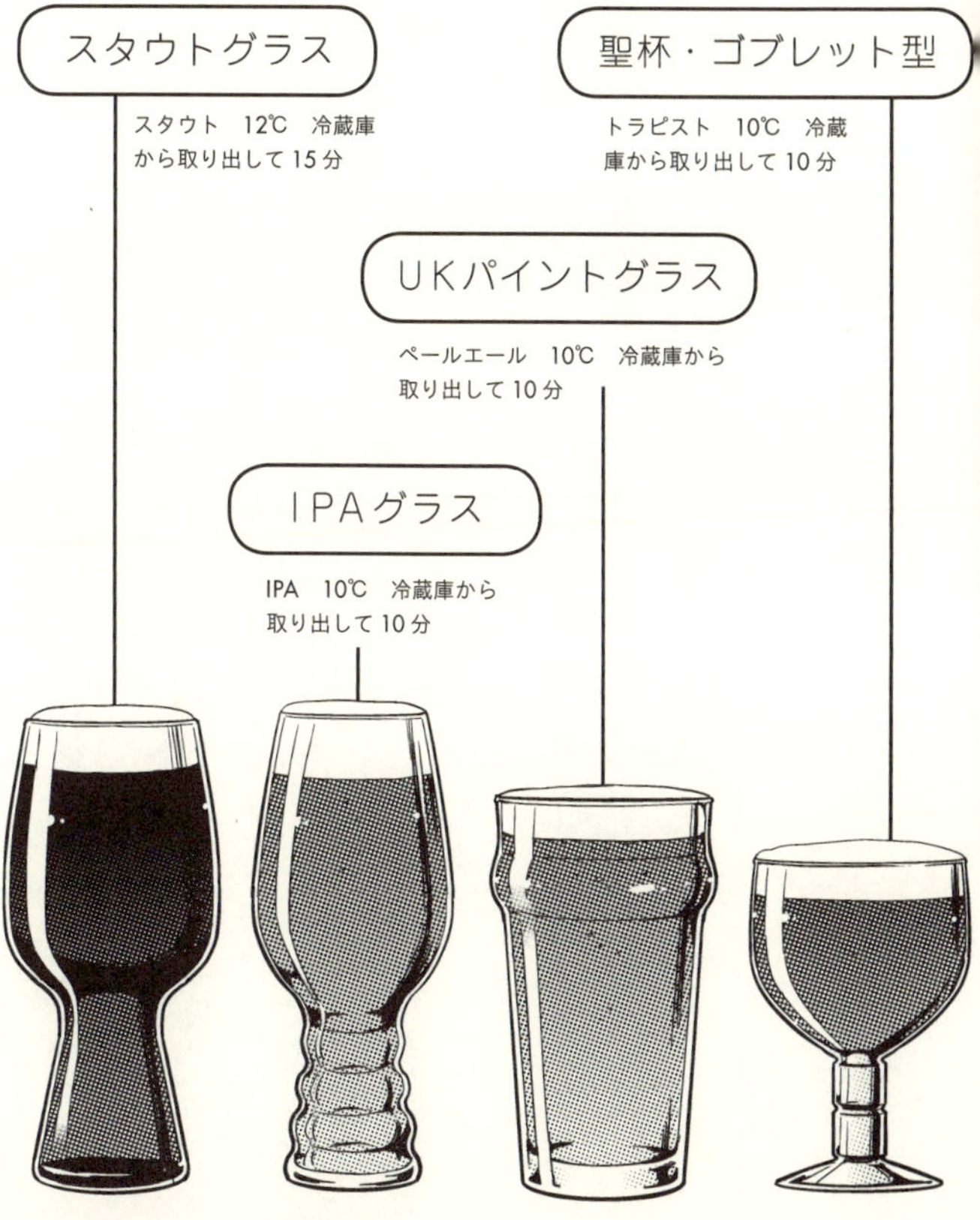

う。東南アジアだと結構多い飲み方だったりもします。氷を入れると温度は下がるのですが、炭酸感やアルコールも薄まるということだけは注意してください。

反対に温度を上げてもいいでしょう。飲もうと思ったビールが少し冷えすぎているなと思ったら、手でグラスごと温めてみるのが一番簡単です。もっともっと温度を上げてみる、日本酒の燗酒のようにしてみるのも、炭酸はほとんどなくなってしまいますが、また面白い味わいになります。こういったホットビールは、砂糖を加えて飲むようにすると、とてもおいしいですよ。

最後にちょっとした裏技を。適温がわからなくなったら、ビールのアルコール度数を見てみましょう。だいたい「アルコール度数の数値〜＋2℃」ぐらいがちょうどよかったりします。アルコール度数5％だったら5〜7℃、7％だったら7〜9℃ですね。とっさのときに便利な技です。

16
時間目

SUMMARY

まとめ

温度が低いと香りや泡立ちが悪くなる

温度が高いと香りや泡が出すぎる

温度によって味覚も変化する

色が淡く、アルコール度数が低い
ラガーは、温度を6℃ぐらいに

色が濃く、アルコール度数が高い
エールは、温度を10℃以上に

17
時間目

多彩なビールカクテル

16時間目では、ビールの温度について学びました。最後にちょっとだけお話したホットビールは、ビールに砂糖などを加えて造る伝統的なカクテルです。ビールは歴史が古いお酒なので、カクテルのベースとしても長い歴史を持っています。

カクテルとは、ベースとなるお酒に、他のお酒やジュースなどを混ぜて造るお酒です。普段の味わいとはひと味もふた味も違ったものになるビールのカクテルは、ビールの楽しみの幅を広げてくれます。また、ジュースなどのノンアルコールドリンクと混ぜることによってアルコール度数が下がり、お酒が苦手な人でも飲みやすくなるのもポイントです。

17時間目は、ビールのカクテルについてお話ししていきます。

まずはホットビールのおさらいから

日本ではどうしてもビールといえば夏というイメージがありますが、ホットビールは寒い冬においしい温かい飲み物です。造り方はとても簡単で、ビールを湯煎で温めても、鍋に移して温めてもかまいません。それも面倒だったら、コップに入れて電子レンジで温めましょう。いずれにしても、沸騰するまでは温めないよう、60℃前後ぐらいにします。熱いのが大好きな人は70℃近くまで、熱いのが苦手という人は40℃台後半ぐらいがいいでしょう。

温めるビールはさまざま。ピルスナータイプでもいいですし、スタウトやポーターのようなビールでもかまいません。全体的には、色の濃いビールの方が向いています。色の淡いビールは温めてそのまま飲むのではなく、砂糖などを加えるとおいしくなります。ヴァイツェンのような小麦が多いタイプの白ビールなどは、砂糖を結構多めに加えた方が個人的にはおいしいと感じました。もちろんスタウトなどの黒ビールに砂糖を入れても、より甘くおいしくなります。IPAなどのホップの香りが効いているタイプは、香りが強調されすぎて難しかったという印象です。

ホットビールに入れるのは砂糖だけではありません。ショウガやシナモン、山椒などのスパイスを加えてもおいしいです。甘味も砂糖だけではなく、蜂蜜などを入れてもいいでしょう。

ジュースと混ぜるビールカクテル

ビールをベースにしたカクテルでは、ジュースなどを混ぜたものが結構あります。甘味や酸味のある飲み物を混ぜることによってビールの苦味が和らぎ、飲みやすくなるからでしょう。ビールの苦味を薄めるのなんてもったいない、と思うかもしれません。でもどちらかというと、ビールをより飲みやすくしているというよりは、ジュース類にビールの苦味や刺激をアクセントとして加えておいしくしていると考えるとわかりやすいのではないでしょうか。ビールの苦味は甘味をさっぱりとさせ、引き立ててくれるのです。当然、アルコールが薄まることによって、飲みやすくなるし、お昼に飲んだりもしやすくなります。

代表的な、家でも造りやすいビールカクテルをいくつか紹介しましょう。

★レッドアイ

ビールカクテルの代表的な存在です。ビールとトマトジュースを同量混ぜます。ちなみにトマトもカリウムが多いので、レッドアイには塩気のあるおつまみがとてもよく合います。もともとは生卵を入れる（その模様が赤い目のように見えるのでレッドアイと名前がついたという説がある）そうなのですが、生卵を丸ごと飲むのは意外と難しかったので、興味のある人だけ挑戦してみるといいかもしれません。

★シャンディガフ

こちらもビールカクテルの代表的な存在です。ビールとジンジャーエールを同量混ぜて造ります。もともとはジンジャービアとエールのカクテルだったとか。でも、今の日本ではピルスナーとジンジャーエールを使うのが一般的です。ジンジャーエールの香りがホップの苦味を和らげ、ビールにショウガの刺激をアクセントとして加えてくれます。

ジンジャーエールには甘いタイプと辛口のドライタイプがあります。甘さ重視なら甘いものを、爽やかさを重視するのならドライタイプのものを選ぶといいでしょう。

★パナシェ

フランス語で「混ぜ合わせる」という意味のカクテルです。ビールとレモンスカッシュを同量混ぜます。それ以外でも、透明な炭酸飲料ならば何でも大丈夫です。そのためか、フランス人はシャンディガフのこともパナシェと呼ぶとか。

★ディーゼル

ビールとコーラを混ぜたカクテルです。基本的にはスタウトとコカ・コーラを同量混ぜて造ります。スタウトの香ばしさとコクが、コーラの甘さと合わさってとてもおいしいカクテルです。スタウトではなくラガーを使うと、爽やかさが増します。

★エッグビール

その名の通り、卵とビールをあわせたカクテルです。卵黄をグラスに入れ、ガムシロップとよく混ぜます。これは砂糖でもいいのですが、ガムシロップの方が混ぜやすいのでオススメです。そこにビールを注いでゆっくりと混ぜたら完成です。卵黄がふわっとまろやかにしてくれます。

★ダブルカルチャード

ビールとカルピスを混ぜたカクテルで、考案者はカルピス社員の方です。ビールの酵母発酵とカルピスの乳酸菌発酵の、二つの発酵が合わさるところからダブルカルチャードと名づけたとか。原液を使う場合には、ビール5対カルピス1の割合がオススメです。先にカルピスをグラスに入れ、ビールを入れてからゆっくりと混ぜましょう。乳酸菌の甘味が引き立てられる、とても甘いカクテルです。カルピスウォーターなど薄められたものを使う場合には、ビールと同量で混ぜましょう

★ハイジ

乳酸菌といえば、ヨーグルト。ビールとヨーグルトを合わせたカクテルがあります。それがハイジです。ビールと同量のヨーグルトを混ぜ合わせて造ります。無糖のヨーグルトだと苦さが際立ってしまうので、加糖のヨーグルトで造るようにしましょう。市販のヨーグルトドリンクを使ってもいいですね。

お酒と混ぜるビールカクテル

ビールとお酒を混ぜるカクテルもたくさんあります。こちらはビールを主役にして、ビールをより多彩な味わいで楽しめるようにしているものが多いです。

★ハーフ&ハーフ

黒ビールと淡い色のビールを半分ずつ混ぜたカクテルです。もともとは、お酒とお酒を混ぜ合わせるカクテル全般を指す言葉でしたが、日本では黒ビールと淡い色のビールを混ぜたものを指すことが一般的です。黒ビールの旨味を残しつつ、普通のビールで苦味が和らぐので飲みやすくなります。同量を同時に注いでよく混ぜ合わせるのが一般的ですが、先に淡色ビールを半分グラスに入れ、スプーンの背を使ってゆっくりと黒ビールを入れることで、きれいに黒と黄金色とが分かれたビールにすることもできます。

★ビアスプリッツァー

ビールと白ワインを同量で造るのが、ビアスプリッツァーです。もともとは、白ワインに炭酸水を入れたものをスプリッツァーと呼んでいました。炭酸水の代わりにビールを使うので、ビアスプリッツァーというわけです。やや甘口のワインで造ると口当たりがよく、さっぱりとおいしいカクテルになります。好みでレモンピールなどを入れてもいいでしょう。

★ブラックベルベット

ビールとワインの組み合わせはビアスプリッツァーの他にもあります。ブラックベルベットは、黒ビールとスパークリングワインを同量で混ぜ合わせたカクテルです。黒ビールのコクと、スパークリングワインの爽やかさが合わさって、飲みやすくなります。できる泡がとてもきめ細かく、まるでベルベットのようななめらかさを持っているということからこの名前がつきました。

他にも、ビールとカンパリを合わせるカンパリビアや、ジンと混ぜるドッグズノーズなど、さまざまなお酒と組み合わせたカクテルがあります。どれもこれも、単にビールだけを飲むときには得られない味わいがして、ビールの楽しみ方を広げてくれます。まずは自宅でできそうなところから、ビールカクテルを始めてみてはいかがでしょうか。

17
時間目

SUMMARY

まとめ

ビールはカクテルのベースとしての
長い歴史がある

ホットビールは温めるだけでもいいが、
砂糖を加えた方がいい

ジュースにビールを混ぜると、
ビールの苦味が甘味を引き立ててくれる

ジュースとのカクテルは
アルコール度数が下がるので、
お酒に弱い人にもオススメ

お酒とビールを合わせるカクテルも
多数存在している

18
時間目

ビールを飲むと痛風になるって本当？

ビールを心ゆくまで楽しむためには、あとひとつどうしても乗り越えなければならないことがあります。それは、ビールを飲むことは身体にいいのか、悪いのか、です。「ビール腹」という言葉があるように、ビールを飲むと太りやすくなってしまうのでしょうか。また、ビールは痛風になりやすいともいわれていますが、これは本当なのでしょうか。18時間目では、ビールの栄養価や機能性について掘り下げていくことにします。

昔のビールは「液体のパン」だった

大昔の、古代のビールはそもそもが「液体のパン」というような扱いでした。最初にビールが造られたのはいつなのか、正確にはわかっていませんが、紀元前4000年までにはメソポタミア文明下で普及していたようです。農耕によって穀物を手に入れ、パンを造ることが始まったのですが、その際におかゆ状にした穀物を放置してから飲むと不思議な気持ちになる飲み物になる、ということを発見したのです。なので、同じ材料から焼いてパンを造り、寝かせてビールを造るということを行っていました。パンは硬いビールであり、ビールは液体のパンだったというわけです。さまざまな味わいを造ることにも挑戦していて、紀元前3000年から2000年代のメソポタミアの記録には、20種類以上のビールが記載されています。

当時はお酒を飲むと酔っ払い、意識が変化するというのはとても不思議な現象でした。さらには、発酵という概念がわからなかったので、放置しているだけでお酒になるということも不思議な現象だったのです。従って、このお酒という不思議な飲み物は神様からの贈り物に違いない。神様からの贈り物なのだから、神様に捧げるのは当然だ。というわけで、世界各地で宗教とお酒が結びついていたりします。

液体のパンというぐらいですから、栄養価は非常に高いものでした。というのも、ろ過をしていない、発酵終了後の上澄み液を飲んでいたと考えられるからです。麦芽の成分や酵母そのものが入っていたため、栄養豊富でした。

代表的なところでは食物繊維、たんぱく質、アミノ酸、炭水化物といった生きていくのに必要な栄養分。カルシウム、マグネシウム、亜鉛などのミネラル。ビタミンB1、ビオチン、葉酸などのビタミン類の全てが含まれていたのです。病気の予防や治療薬にも使われるぐらいの栄養ドリンクでもありました。また、ビールを造るときには水を沸騰させるので、生水よりも安全な飲み物という認識でもありました。

現代のビールの栄養価は？

では現代のビールは、そこまで栄養豊富なのでしょうか。ピルスナーの発祥の地のチェコでは、ガラス職人は水分補給と栄養補給のためにビールを飲むのが許されているといいます。そう聞くと、液体のパンのようなものを想像するかもしれません。でも実際には、ビール造りの過程で精密なろ過を行うので、今のピルスナーはそれほど栄養価が高くはありません。酵母入りのビールや、ヴァイツェンのような小麦を使ったやや濁りのあるビールだと、栄養価は高めですが、それでも昔に比べると低いといえます。

もちろん、水を飲むよりもビールの方が栄養価が高いことは間違いありません。糖質やたんぱく質が含まれていますし、カリウムなどのミネラルや、ビタミンも豊富に含んでいます。それでいて、脂質はほとんど少ないという特徴があります。ホップ由来の成分も入っていて、利尿効果や鎮静効果、食欲増進などの効果があります。

「ビール腹」になるのは、ビールそのもののカロリーもさることながら、おそらく食欲増進効果から、ついつい食べすぎたり飲みすぎたりしてカロリー過多になるところからきているのではないでしょうか。ビールの350㎖の缶のカロリーは、ピルスナーで140キロカロリー、ヴァイツェン等で200キロカロリー前後です。ピルスナーだとご飯7分目ぐらい、ヴァイツェンだとご飯1杯と同じカロリーです。アルコール由来のカロリーは、熱エネルギーとして体外に放出されやすく、身体に蓄積しにくいといいます。それでもいつもの食事にビールを3杯飲むと、ご飯を2杯ぐらいおかわりしたのと同じカロリーを摂取していることになると思うと、ダイエットにはあまり向いていなさそうですよね。

栄養満点のビール酵母

ろ過された現代のビールが大昔のビールと比べて栄養価が少ないのならば、なくなった栄養分はどこへいったのでしょうか。そのうちの大部分が、ろ過されたいわゆる「ビール酵母」に詰まっています。酵母入りのビールの栄養価は低くはないと先ほども言いましたが、それはビール酵母に栄養があるからなのです。

ビール酵母の半分ぐらいがたんぱく質ですが、この中には18種類ものアミノ酸がバランスよく含まれていて、人間に必要なのに体内では合成できない必須アミノ酸も8種類含まれています。ビタミンB群も豊富で、いわば良質なたんぱく質補給とビタミン欠乏の予防に最適なのです。

また、ビール酵母の細胞壁は、人間の消化酵素では消化できない食物繊維としての性質を持っています。さらに、ビール酵母の中の30%ぐらいはグルカンやマンナンといった食物繊維です。その結果、ビール酵母を摂取することで、日頃不足しがちな食物繊維を補給し、腸の調子を整えてくれるのです。

これだけではありません。血中コレステロール濃度が高めの男性にビール酵母を摂取してもらったところ、4週間目と6週間目に血中コレステロール濃度が下がったという報告があったり。ビール酵母が腸内細菌の発酵を促進することで、カルシウムの吸収が促進されたという動物実験の結果があったり。ビール酵母に含まれているグルタチオンという成分には活性酸素を消去する働きがあるのでアンチエイジングにも効果的とされています。ヨーグルトとビール酵母を合わせて摂取するビール酵母ダイエットが流行したのもうなずける効能があるのです。

そんなにすごいビール酵母を集めたサプリメントがあります。これはビールの発酵を終えた酵母を集めて固めて作られています。ビールを飲みながら、ビール酵母を利用したおつまみを食べることで、栄養的には古代のビールと同じ気分を味わえるかもしれませんね。

ビールを飲むと痛風になるの？

ビールを飲むと本当に痛風になるのか。それを知るためには、痛風とはどんな病気なのかを確認しなければなりません。

風が吹いても痛いといわれる痛風は、体内の尿酸値が高くなる高尿酸血症によって引き起こされるといわれています。主に下半身の関節に腫れや炎症を発症し、痛むのです。尿酸はプリン体から新陳代謝によって作られます。従って、プリン体の多いビールを飲むと痛風になる、という原理ですね。

でも、実はビールのプリン体はそれほど多くはありません。他の食品の方が多いのです。

いちがいに、同じレベルにしてはいけないのですが、目安として『高尿酸血症・痛風の治療ガイドライン』より、プリン体含有量の分類基準を見てみることにします（左下図）。

ビールの100㎖あたりのプリン体は、ラガータイプだと5㎎～7㎎、エールタイプだと7㎎～17㎎ぐらいです。350㎖の缶で換算すると、ラガーは12～25㎎、エールで19㎎～55㎎となります。ほとんどが、食品の分類でいうと「極めて少ない」に入るのです。従って、ビールのプリン体が多すぎるので痛風の原因になる、というのはある意味では間違いといえます。

実はビールを飲むと尿酸値が上がるという原因は、プリン体よりもアルコールにあります。アルコールが代謝されるときに尿酸値が上がるからです。そこにビールの食欲増進効果によって食べた食品のプリン体からくる尿酸が加わり、乳酸と尿酸の競合による尿酸排出の遅れが生じ、利尿作用その他による脱水症状で尿酸の排出が遅れ……気がついたら痛風になってしまう、というものです。プリン体の量はそれほど気にしなくてもいいけれども、ビールを飲むといろいろな作用が合わさって痛風になってしまう可能性が、飲まない人よりは高くなるということは確かのようです。

100gあたりのプリン体含有量

300mg以上	極めて多い
200～300mg	多い
50～100mg	少ない
50mg以下	極めて少ない

これを防ぐにはどうしたらいいでしょうか。一番簡単なのは、水をたくさん飲むことです。尿酸は水には溶けにくく、排出しにくいものではあるのですが、それでも大量の水を飲むことで排出することができるのです。ビールは水の代わりだから、といっている場合ではありません。ビールを飲んでいるときには、同時に水を飲むようにしましょう。ビールの利尿作用は飲んだ量の1・5倍と言われていますので、最低でも飲んだビールの半分は水を飲みたいところです。余裕があれば同量の水を飲みましょう。

昔に比べるとビールの栄養価は低いとはいえ、さまざまな効能や栄養価の高さを持っていることは間違いありません。ただし、どの実験結果でも、たくさん飲めば飲むほどいいとしているものはなく、適量を守らなければならないと書かれています。もしくは、大量に摂取しなければ問題ない、と。ビールを飲み続けて健康になるというのは不可能のようですが、ちょうどいい分量を飲み続けていきたいものです。

18
時間目

SUMMARY

まとめ

昔のビールは「液体のパン」と
呼ばれるぐらい栄養価が高かった

現代のビールはろ過されているため、
栄養価はそこまで高くない

ビール酵母は栄養満点で、
サプリメントにもなっている

ビールを飲むことが直接
痛風につながるわけではない

できることなら飲んだ量の
1.5倍の水を飲もう

19時間目

ビールで悪酔いをしないためにはどうしたらいいの？

自分の好みのビールを把握し、痛風などにならないための仕組みを学んだら、いよいよ飲み方の追求に入ります。

まず最初に学びたいのはおいしさを追求するのではなく、無理のない飲み方です。ビールはとてもおいしく、爽快感があるため、ついゴクゴクと飲んでしまいます。そうして気がついたら気分が悪くなり、飲みすぎたことに気づいた、ということもあるのではないでしょうか。その場で気分が悪くなることもあれば、しばらく時間が経ってから気持ち悪くなることもあります。翌日にくる二日酔いですね。また、最近では少なくなりましたが、一気飲みをして急性アルコール中毒になって死んでしまうという例もあります。

これらは全て、無理な飲み方をしてしまったからに他なりません。19時間目では、無理のないように飲んで、悪酔いをしないためにはどうしたらいいのかを学んできます。

悪酔いをしないためにはどうしたらいいのか

家でビールを楽しむときや、お店でビールを楽しむときに、一番避けたいのが悪酔いではないでしょうか。どんなにビールをおいしく味わっても、そのあとに重度の二日酔いをしてしまったら、楽しい気分は台無しになります。

ビールを飲んで悪酔いをしてしまったとき、だいたい原因は2つに絞られます。それは水分不足か、限界を超えてお酒を飲んでしまったか、です。

水分不足で脱水症状になる

ビールの90%以上は水分なので、ビールを飲み続けているのに水分が不足するなんて、少し不思議な気がしますよね。でも、ここまででビールには利尿作用があり、飲んだ量の1・5倍の水分を排出すると学びました。ただでさえアルコールの分解や排出には大量の水分が必要なところ、ホップなどによって水分の排出が促進されるのです。汗や呼吸などを含めると相当な量の水分を失います。

多くの人が二日酔いと思っている症状は、たいてい脱水症状が原因だったりします。二日酔いは、その名前の通り翌朝に気持ちが悪くなるものです。二日目にならないうちに気持ちが悪くなったり、頭痛がしたりと、飲んでから数時間以内の体調不良は脱水症状によるものが多いのです。脱水症状以外だと、急性アルコール中毒が原因です。

急性アルコール中毒を防ぐためにも水を飲もう

急性アルコール中毒は、血中のアルコール濃度が急激に上がることによって引き起こされます。頭痛や吐き気がしたり、寒気や震えがきたり、ろれつが回らなくなったりうまく歩けなくなったり……身に覚えがある人も多いのではないでしょうか。ひどくなると、意識が低下して昏睡状態に入ってしまいます。

急性アルコール中毒を防ぐには、血中アルコール濃度を下げる必要があります。そこで重要になるのが水なのです。お酒と同時に水をたくさん摂取すればするほど、血中アルコール濃度は下がります。酔う速度がゆっくりになり、急激にアルコール濃度が上がる、急性アルコール中毒にはならなくなります。

血中のアルコール濃度が薄まることのメリットには、肝臓が一度に処理できるアルコール量の範疇に収まっていれば酔いにくいということが挙げられます。たとえば肝臓が1秒ごとに10の量のアルコールを処理できるとしましょう。そこに毎秒8ずつのアルコールが送られてきたら、肝臓に届く片端から処理することができます。ところが毎秒11ずつの量を送られてきたら、処理しきれなかったアルコールがどんどん溜まっていくのです。こうして体内に残ったアルコールが酔っ払う原因となる説があるのですね。非常に薄いアルコールだったら、いくら飲んでも酔っ払わないということです。

よく、ビールならいくら飲んでも泥酔しないとか、ウイスキーみたいなアルコール度数の高いお酒のチェイサーとしてビールを飲むという人がいます。これは、彼らが一度に処理できるアルコールの量がとても多く、ビールを飲んでいる分にはあふれることがなかったり、ウイスキーをビールで薄めた濃度だったらまだ大丈夫ということを意味しているのです。

というわけで、ビールを飲むときには必ず一緒に水を飲むようにしましょう。脱水症状と急性アルコール中毒を防ぐことができます。できればビールと同量の、それが難しい場合でもビールを1杯飲んだらコップ1杯の水（120㎖ぐらい）を必ず飲むようにするだけでもだいぶ違います。

スポーツドリンクを飲むと酔いが早く回るの？

スポーツドリンクは水分の吸収に効率が良いため、お酒と一緒に飲むとお酒が早く吸収され、悪酔いをするというお話があります。これは、正しくありません。

基本的にアルコールは胃で20％、小腸で80％吸収されます。一方で、水分は胃ではほとんど吸収されずに小腸で吸収されます。これはつまり、アルコール、水は水で別々に吸収されているということを意味しています。水分を効率良く吸収するスポーツドリンクを飲んでも、アルコールの吸収が早まることはないですし、酔いが早く回るということもないのです。

むしろ、大量の水分が必要になるのですから、スポーツドリンクの方がいいとすらいえます。お酒を飲んでいる最中に飲むと味が合うかどうかという問題もありますので、お酒を飲んだ後にスポーツドリンクで水分を補給すると、脱水症状になりにくくなります。

限界を超えてお酒を飲まないようにしよう

アルコール度数の高いお酒も平気で飲めるお酒に強い人でも、人間である以上限界はあります。そして限界を超えた量のお酒を飲んだら必ず酔っ払います。では、どのぐらいが自分にとって適量なのでしょうか。

　適量を測るときに便利なのが、アルコールの1単位という考え方です。これはお酒の中に含まれているアルコール量を計算し、20gで1単位とするというものです。例を挙げてみましょう。アルコール度数5％のビールが500㎖あったとします。この中に含まれているアルコールは、500×0・05＝25㎖です。アルコールは水より軽く、重さは水に比べて80％、比重は0・8です。なので重さを計算すると25×0・8＝20gとなります。つまり、ビール500㎖の中には20gのアルコールが含まれているのです。

　こうやって飲んだお酒の量とアルコール度数と比重をかけ算することで、どれだけの純アルコールを摂取したのかがわかります。20gを1単位として、何単位分飲んだのかを計算することができるのですね。

　そうはいっても、いちいち計算するのは面倒です。そこで、各お酒がどのぐらいの量だと1単位分になるのか目安を用意してみました（下図）。

　20gを1単位としたのは、体重60kgの平均的な日本人がこれを分解す

お酒の種類	度　数	1単位あたりの酒量	目　安
ビール	5%	500ml	中瓶1本
日本酒	15%	180ml	1合
ワイン	14%	180ml	1/4本
焼　酎	25%	110ml	0.6合
ウイスキーなど	40%	60ml	ダブル1杯
缶チューハイ	5%	520ml	1.5缶

るのに3時間ほどかかるからです。悪酔いをせず、飲んで一晩寝たらすっきりとするには、寝ている間に全て分解される、つまり7時間ぐらいで分解できる量がひとつの目安となります。アルコールの2単位分ですね。ここを基準にして考えましょう。つまり、2単位分（ビール500㎖を2杯）飲んでも次の日平気だったら、平均的なアルコールの分解能力があるということです。それでふらふらになったらその人はアルコールに弱く、もっと多い量でも平気だったらアルコールに強いとなるわけです。こうやって適量を把握していきましょう。

ただし、ひとつだけ注意しなければならないことがあります。それは、お酒を飲み続けていると、お酒を飲む量が増え、お酒に強くなったと感じることがあることです。詳しい説明は省きますが、飲んだお酒の2割ほどは、肝臓の中の別系統で分解されていると思ってください。この別系統はお酒を飲み続けると活性が強くなり、より多くのアルコールを代謝できるようになります。なので一見酔いにくくなりお酒に強くなったように感じるのです。でもこれは、代謝するときに活性酸素を生じるため、肝臓にストレスを与えます。さらに薬物の代謝にも影響するため、医薬品の効きが悪くなったりもするのです。

この別系統の活性はお酒を断つと元に戻るとされています。久しぶりにお酒を飲んだときに弱くなったと感じるのは、別系統がうまく働いていないからなのですね。でも、肝臓をストレスから解放するためにも、お酒を飲まない休肝日は非常に重要なのです。適量を測るときには、なるべく休肝日あけの方がいいでしょう。

昔は複数の種類のお酒を飲む、いわゆるちゃんぽんをすると悪酔いするといわれていましたが、今は飲んだアルコールの量が一番の問題といわれています。ちゃんぽんしても適量だったら悪酔いをしません。違うお酒を飲むと目先が変わって、ついついもう一杯と手が出てしまうにもかかわらず、どれだけのアルコールを飲んだのか把握しにくくて飲みすぎてしまうのがよくないのです。

そこで活用したいのが先ほどのアルコールの1単位の表です。たとえば今日は3単位分飲むとしましょう。「とりあえずビール」でビールを500㎖ほど飲んだとします。そうなると、あとは2単位分。ビールの後に日本酒を180㎖（1合）飲んだら、2軒目のBARでウイスキーのダブルを飲むと、ちょうど3単位です。複数種類のお酒を飲むときには、いま何単位分飲んだのかを意識するようにすると、悪酔いを防げるでしょう。

19
時間目

SUMMARY

まとめ

飲んだ後に気持ちが悪くなるのは
脱水症状からの場合がある

ビールは利尿作用が強いので、
脱水症状を起こしやすい

急性アルコール中毒を防ぐには
水を飲んで
血中アルコール濃度を下げる必要がある

飲んだお酒の量と自分の限界量を
把握することが大切

休肝日には
しっかりとした意味がある

20 時間目

結局どう飲むのが一番おいしいの?

ここまででビールに関する基本的な知識を一通り学んできました。20時間目では、いよいよビールはどうやって飲むのが一番おいしいのかというお話をしていきます。

とはいっても、ビールはとても自由なお酒です。必ずしもこう飲まないとならないという決まりはありません。なのでこれからお話しする内容も、これが正解というわけではありません。今後ビールを飲んでいくときの基準として、そこから自分なりのアレンジを加えていきましょう。

ビールをより味わって飲んでみよう

ゴクゴクと飲むのがとても楽しいビールですが、しっかりと味わって飲むということにも挑戦してみたいところです。いわゆる「テイスティング」なのですが、そう書くとちょっとお堅い表現というか、しっかりやらないといけない気がしてしまいます。でも、そこまで大げさに考えなくても大丈夫です。

味覚には先天的味覚と後天的味覚とがあるというお話を、12時間目にしました。これはつまり、同じビールであっても、人によって味の感じ方が違うということでもあります。商品の紹介などに記載されているビールの味わいは、いわば味覚が鍛え上げられているプロの意見です。ビール初心者のうちは、そういったレビュー文と同じように感じなくても、ある意味当然なのですね。

というわけで、より味わうといっても、肩肘を張らないでいいです。今の自分が感じた味わいが大切なのです。でも、せっかくなので、どうやったらプロの表現に近い味わいを感じていけるのか、それも含めた飲み方を紹介します。

1. 注がれたビールを眺めて楽しむ

ビールはその色合いの美しさや、泡も含めておいしいものです。色合い、透明感、そして泡のきめ細かさを確認しましょう。目で見て楽しんでいるうちに、どんどん期待が高まっていきます。でも、ビールの場合はあまり長く眺めていると泡がどんどん消えていってしまいますので、ある程度楽しんだら次へといきましょう。

2. 香りを楽しむ

ビールは複雑な香りも楽しみのひとつです。目で楽しんだ次は、鼻で楽しみましょう。鼻だけで確認する香り、アロマを楽しみます。グラスを近づけたときに香る第一印象を確認します。そのあとに、メニューや商品紹介に記載されている表現と違ったら、その香りはどこかなと考えながらもう一度香りを確認するのです。この香りがあるかもしれないと意識して香りを確認することで、ビールに対する嗅覚を鍛えていくことができるのですね。余裕があったら、一口飲んだ後の、時間が経った後の香りも確認するといいでしょう。

3. 口の中で楽しむ

香りを十分に楽しんだら、いよいよ飲みましょう。基本的にはラガーは炭酸感を楽しむためにもゴクッと飲んでいいのですが、エールはゆっくり少しだけ飲むようにします。口の中で広がらせて、フレーバーを楽しむのです。このときも、自分が最初に感じたことと、商品紹介とを比べて、もしも異なっていたらそういう味わいがどこかにあるのかなと考えながらもう一度味わいましょう。これが後天的味覚を鍛えていくコツです。その後は余韻を楽しみます。

繰り返しになりますが、最初はプロの表現と違っていて当たり前で、いま自分がどう感じたのかということが重要なのです。でも、プロが感じているのならこの味わいが含まれているはずだ、どこにその味があるのだろう、と考えながら飲むことで、味覚が鍛えられていきます。

家で飲むときのおいしい飲み方とは

お店で買ってきたお気に入りのビールを家で飲む。こう書くとこれだけですが、ただ漠然と飲むのと、いろいろなところに気をつけて飲むのとでは味わいが違ってきます。とはいっても、それほど難しいことをするわけではありません。いままでに学んできたいくつかのコツで、ビールをおいしく楽しむことができます。

最も重要なことは、ビールそのものの鮮度です。缶ビールでも瓶ビールでも、なるべく製造年月日が新しいもの、つまり新鮮なものを用意しましょう。ビールはとても繊細な生鮮食品です。賞味期限内とはいっても、容器の中でもちょっとずつ味わいが変化していく飲み物でもあります。なるべく工場出荷時に近い、できたてのものを用意する方が、よりおいしく飲めるというわけです。最近では、工場からどこも介さず直接届けてくれるサービスもあります。

買ってきたビールは、冷蔵庫に入れて冷やしましょう。家庭用の冷蔵庫だと、約5時間ほど冷やせば6℃ぐらいになります。今すぐに飲みたいから急速に冷やしたいという場合でも、冷凍庫に入れるのはちょっとオススメできません。冷えすぎてしまい、中でビールが膨らんで、缶が破損してしまう可能性があるからです。急速に冷やしたい場合には、大きな器に氷水を用意して、その中で冷やすようにしましょう。これならばどんなにがんばっても0℃以下にはなりませんので、ついうっかり放置してしまっても安心です。

冷蔵庫でビールを冷やしている間に用意したいのがグラスとおつまみです。グラスもこれから飲むビールのスタイルに合わせたものを使いたいところ。適したグラスがきちんときれいなままだったら問題はないのですが、汚れがついていたりホコリがついていた場合には、冷やしている間に洗って乾かしましょう。少しぐらいグラスが濡れていてもビールの味わいは薄まりませんので、それよりもホコリを取り除く方が重要です。おつまみは、何を用意したらいいのか悩んだ場合、塩気のあるものをセレクトしましょう。

そうして、グラスもおつまみも用意したら、いよいよビールを注ぎます。といいたいところですが、その前にビールを適温にしなければなりません。16時間目を参考に、冷蔵庫から取り出して、室温を使って適温にします。


飲むときに大事なのは姿勢です。ラガータイプを飲むときには、脇を締めて、背筋を伸ばして、胸を張って飲みましょう。これが一番おいしい飲み方です。実は、背中を丸めて飲むと、ビールの爽快感が落ちてしまいます。背筋を伸ばして胸を張ることで、喉から胃がまっすぐになり、するするとビールが通り過ぎていく爽快感を得ることができるのです。

その際には、できるだけ上唇で泡を押さえて、その下の液体部分を飲むようにしましょう。飲み終わった後に泡でヒゲができてしまいますが、気にしてはなりません。泡で液体部分が空気に触れないようにすることが、最後までおいしくビールを飲むコツなのです。

缶ビールのおいしい飲み方、瓶ビールのおいしい飲み方

缶ビールや瓶ビールのおいしい飲み方は、ずばりひとつです。それは、直接飲まないで

グラスに入れて飲むということ。缶ビールだとどうしても缶が唇に当たって、金属の香りが気になってしまいますし、瓶だと口が小さくて香りをうまく楽しめません。また、ビールの醍醐味のひとつである泡も、グラスに移すことでしっかりと出すことができるのです。

缶ビールと瓶ビールの中身は、同じ銘柄だと全く一緒といっても差し支えありません。では注ぎ方自体も全く同じでいいかというと、実はそうではなかったりします。両者の中身が一緒だとしても、注ぎ口の形状が違うからです。

缶は環境への配慮のため、プルタブを開けてもタブが本体から離れず、缶の内側に折れ曲がる構造になっています。すると、注ぎ口の手前に板が設置されることになり、ビールは板に当たりながら注がれる形になるのです。当然ながら、何も遮蔽物がなくスムーズに注げる瓶に比べて邪魔物にぶつかることになり、缶から注ぐと少し泡が立ちやすくなるのです。

缶ビールと瓶ビールとで同じように注ぐためには、缶の方を少しだけ、1℃か2℃低い温度にし、心持ちゆっくりめに注ぐとうまくいきます。とはいっても、そこまで気にしなくてもいいといえばいいのです。実際に注ぐときには、目で見て泡の状態を確かめながらやるようにした方がうまくいきます。

ではここで、ラガータイプで泡をきれいに出す注ぎ方について、いくつか紹介していくことにしましょう。

★ビールの旨味を楽しむ三度注ぎ

ビールの注ぎ方としては一番メジャーかもしれません。日本の大手ビールメーカーが推奨しているやり方です。まず、机の上にグラスを立てておきましょう。ビールサーバーで入れる際にはグラスを斜めにして入れるので、何となく斜めにしたくなりますが、缶や瓶のビールを注ぐときには立てた方がやりやすくなります。

立てたグラスに、上の方から勢いよくビールを注ぎます。すると、泡がたくさん出てきます。グラスの9割ぐらいの高さまでいったら、いったん注ぐのをやめましょう。次第に泡が割れて、液面が増えていきます。

泡とビールの割合が1対1になったらビールを追加します。これが2回目です。炭酸感を楽しみたい場合には、ここでゆっくりと泡を壊さないように注ぎましょう。またグラスの9割ぐらいの高さまでいったら注ぐのをやめます。

泡とビールの割合が4対6になったらまたビールを追加します。これが3回目です。このときにはもう大きい泡はほとんど消えて、きめ細かい泡だけになっているはず。ゆっくりと泡を持ち上げるように注げば、多少グラスから泡がはみ出てもこぼれません。それどころか、少しグラスを傾けてもこぼれません。最終的に、泡とビールの割合が3対7になったら完成です。


炭酸感をそれほど必要としていなくて、ビールの旨味をもっとしっかり楽しみたい場合には、2回目の注ぎ方から工夫をします。2回目も、上の方から勢いよく注ぐのです。それによって炭酸ガスが抜けるので、炭酸感の少ないビールになるというわけです。この場合、多少9割を超える高さになってもかまいません。豪快に注ぎましょう。

泡とビールの割合が1対2ぐらいになったときに3回目を注ぎます。今度はゆっくりと、泡を持ち上げるように注ぎます。そうして、泡とビールの割合が3対7になれば完成。ガスが抜けているので口当たりは優しく、ビールの旨味をしっかりと感じることができます。

★麦の甘味も楽しめる二度注ぎ

今度はビールを2回に分ける注ぎ方を説明します。1回目は、三度注ぎと同じように、上から勢いよくビールを注ぎます。泡がたくさん出てくるので、グラスの縁ぐらいまで到達したら注ぐのをやめます。

泡とビールが1対2ぐらいになったら、2回目を注ぎます。三度注ぎよりも待ち時間は心持ち長くなることに注意してください。そのまま泡を持ち上げるようにゆっくりと注いでいきます。泡とビールの割合が3対7になったら完成です。

二度注ぎの場合、炭酸感もそれなりに残っていて、旨味も感じられる、バランスのいい味わいを楽しめます。

★炭酸の爽快感を味わえる一度注ぎ

一回で注いでしまう方法もあります。グラスを立てたまま、勢いよくビールを上から注ぎましょう。ただし、今回はグラスの4分の1ぐらいまで泡が立ったら、そのままグラスを少し傾けます。そのまま、今度は側面に沿ってゆっくりとビールを注いでいくのです。注ぎながら、だんだんグラスを起こしていき、最終的にグラスを立てて泡とビールが3：

7になったら完成です。
このやり方だと炭酸感が非常に強い、シャープなのど越しを味わうことができます。

ビールの味わいは、同じものであっても泡の量と中の炭酸感で変わります。ここで紹介した一度注ぎ、二度注ぎ、三度注ぎ（後半）は、13時間目で紹介した新橋の「ブラッセリー ビア ブルヴァード」店主の佐藤裕介さんが『新しいクラフトビールの教科書』（プレジデントムック）で紹介しているものです。いろいろ試して、自分にとってのベストな泡と炭酸感を探してみましょう。

また、これらは基本的にはラガータイプの、ピルスナーの注ぎ方です。エールの場合はゆっくりと注ぐだけでも十分においしく味わえます。『ギネス』のように、缶の中に特殊なボールが入っていて、注ぐだけでもクリーミーな泡が出てくるものもあったりと、容器内に泡を作る仕組みが組み込まれているものもあります。まずは、開栓したらそのままグラスに注ぎ入れるようにしましょう。

ただ、だからといってエールで泡をわざと出すような注ぎ方をしない方がいいというわけではありません。泡を出してみたり、泡を出さなかったりすることで、エールの味わいもまた変化するからです。注ぎ方をいろいろと試してみることで、エールを楽しむ幅が広がることでしょう。

20
時間目

SUMMARY

まとめ

家で飲むときは新鮮なビールを
用意し、きれいなグラスで飲むといい

飲むときには姿勢も重要で、
姿勢が悪いと味わいが変わる

注ぎ方で泡と炭酸の量をコントロールできる

泡が多いとガス感は少なく旨味を感じ、
泡が少ないとガス感が多く
シャープなのど越し

ときにはエールでも注ぎ方を変えて、
楽しみ方の幅を広げよう

コラム③

郷に入っては郷に従おう

ビールを飲んでいくうちに、海外のビールをその地元で飲みたくなってくるかもしれません。また、海外旅行に行った際に、現地でビールを飲みたいと思うこともあるでしょう。そんなときに行きたいのがバー（BAR）やパブ（PUB）です。共にビールを中心としたお酒を出してくれるお店です。違いはとても難しいというか、だいぶ曖昧ではあるのですが、お酒がメインなのがバーで、しっかりとした料理も出してくれるのがパブと考えるといいでしょう。ちなみにバーがアメリカ発祥、パブがイギリス発祥といわれています。もちろん、どちらでもビールを楽しめます。

海外のバーで一番とまどうのが「チップ」ではないでしょうか。メニューに書いてある値段だけではなくチップも払うという感覚が日本ではなかなか身につきません。主にバーの場合は、注文ごとにチップを払えばいいと思えばいいでしょう。たとえばアメリカの場合だったら、まずカウンターで飲み物を注文してお金を払います。飲み物を受け取る際に、カウンターに1ドル札を置きましょう。これがチップです。頼んだ飲み物の値段にかかわらず、1ドル札を置くと覚えておくといいと思います。中にはアメリカ人でもチップを払わない人がいるのですが、払わないよりも払った方がバーテンダーさんの愛想がよくなったり、最後にコーラをもらえたりと、何かと快適に過ごせます。バーに行くことがわかっているときには、できるだけ1ドル札をたくさん用意しておきましょう。

逆に、海外から日本へ来た方がなじみがないものは何でしょうか。席料、いわゆるチャージ料金です。席に着いただけでお金を払う、チャージの文化がヨーロッパやアメリカ圏にはないため、明細を見てびっくりするんだとか。チップとして受けたサービスに対して支払うのはいいけれども、一律でお金を払わなければならないというのはどういうことだと思うそうです。

もちろん、海外の人がついうっかりとチップを払ってしまうことも多々あります。食事を終えた際に、テーブルの上にチップとしてお金を置いておくんだとか。でもその場合、日本の店員さんは大急ぎで追いかけて「テーブルの上にお金を忘れていきましたよ」と返しにくる人が多いというのも、なんだか日本らしくてすごくいいお話ですよね。

郷に入っては郷に従えという言葉があります。できる限り、その国での風習やお金の支払い方を事前に調べておいて、心地良く楽しく過ごしましょう。

ルと出会うには

いろんなビアスタイルがあるとわかると
いろんなビール飲んでみたくなる…
そんな時は
まずビアバーに行ってみましょう
ON TAP TODAY
最適な温度
きれいなグラス
美しい泡
三拍子そろったよい状態のビールが楽しめます
樽が入れ替わるお店では目あてのビールが売り切れてしまうこともよくあること
ごめんなさい今終わっちゃいました―
めげずに別のビールを楽しみましょう
次は○○つながりました!
好きなビールに出会ったら
このビール好き!
おいしい〜

家でも
楽しみたいもの
飲みたいビールが
最も簡単に
手に入るのは
インターネット通販
ポチ
ポチ
酒屋さんはもちろん
デパートのお酒
売り場や
コンビニも
あなどれません
限定だ〜
家では
冷蔵庫の
奥の方に
保管しましょう
BUTTER
SEA STAR IPA
ROCK IPA
時間が経つと
味が変化するので
バーで飲んだ
あの味を
もう一度…
ふふっ
と思ったら
早めに飲むのが
おすすめです

21時間目 ビアバーへ行こう

今までの講義で、ビールの選び方や味わい方について学んできました。次に学びたいのは「新しいビールとの出会い方」です。ビールのスタイルはとても多く、世の中にはまだ飲んだことがないおいしいビールがきっとあります。どうやったら出会えるのでしょうか。

まずは、ビールをたくさん置いているバー、ビアバーへ行ってみましょう。ビアバーでは数々のビールを最適な環境で管理し、最もおいしい状態で出してくれます。ビールはとても繊細なお酒なので、きちんと管理されて状態のいいものを飲むことはとても難しいのですが、ビールを提供するプロのビアバーではそれを飲ませてくれるのです。そういったお店で飲むことによって、このお酒はこのぐらいの温度で飲むとおいしいんだ！　などの多くの発見もあるでしょう。通常のバーよりも敷居が低く、入りやすい雰囲気のところが多いのもポイントです。積極的にビアバーへ行って、新しいビールと出会いましょう。

21時間目では、ビールを飲みにビアバーへ行くときのコツをお話していきます。

何故お店のビールは格別なのか

家で飲むビールもおいしいのですが、やはりお店で飲むビールは格別です。全く同じ銘柄であれば、中身は缶でも瓶でも樽でも同じなのですが、それでも家で飲む缶や瓶のビールよりもお店で飲んだ方がおいしいと感じることは少なくありません。

今までにも学んできましたが、ビールはちょっとした条件が変わると、味わいが変わってしまうお酒です。お店で飲むビールは、ビールをおいしく飲むための条件をしっかりと守っているから同じビールでもおいしいのです。具体的にはビールの温度、グラス、注ぎ方の3点ですね。適温で、きれいなグラスで、美しい泡のビールはやはりおいしいのです。

また、ビアバー独特の空気もおいしさのひとつといえます。一人でしっとりと飲むのもいいのですが、みんなで「乾杯！」とグラスをぶつけてわいわい飲むのも楽しいですよね。全く同じビールでも、そうやって友達と一緒に飲むと味わいが変わる気がします。ビアバーでみんなが楽しそうに飲んでいる空気があると、まだビールが届かないうちからちょっとわくわくしませんか？　その気持ちが絶妙なスパイスとなり、よりビールをおいしくしてくれるのです。

メニューにないビールがある？　メニューにあるのにビールがない？

お店でビールを選ぶときに一番注意しなければならないのは、お店によってはになりますが、メニューにないビールがあることです。それは常連にならないと出てこないスペシャルなビールという意味ではありません。普通に提供されるビールでも、メニューにないものがあるという意味です。反対に、メニューに載っていてもそのビールを飲めないことがあります。

お店で提供されるビールのうち、サーバーから注がれるビールは「樽」に接続されているときと11時間目に学びました。樽の中のビールを全て提供したら、当然新しい樽に変えなければなりません。このときに、今まで提供していたのとは違う樽を接続することがあるのです。

たくさんの種類のビールを置いてあるビアバーでも、サーバーの数（これを注ぎ口の数ということで、タップ数ともいいます）には限界があります。たとえばサーバーが5つあるお店だったら、どんなにビールをそろえても、一度に5種類までしか提供できないのです。では5種類以上のビールを提供したかったらどうすればいいのか。樽が空になったら、新しい別の種類の樽を接続すればいいのです。そうやって次々と営業時間中にビールが変わっていくお店があるのですね。

もちろん樽が変わって提供されるビールが変わったら、メニューにそれが書かれるべきではあります。ですが、忙しい人気店だとなかなかその作業が間に合わないことも多いのが事実。結果としてメニューの変更を知らせるのが間に合わず、メニューに載っていないんですが今はこのビールがサーバーに繋がっています、メニューに載っているそのビールは売り切れてしまいました、となるわけです。

これは全てのお店がそうであるというわけではありません。お店によってはサーバーに繋いでいる樽は常に一定で、その他のビールを瓶などで提供するというところもあります。

目当てのビールが飲めないのは残念ですが、そのときはすっぱりと諦めて違うビールを頼んでみましょう。思いも寄らぬ出会いがあるかもしれませんよ。

いいお店の見分け方とは

せっかくビールを楽しむために行くのだったら、いいお店に行きたいですよね。一口にいいお店といっても、なかなか難しいものがあります。極端な例を挙げると、マニアが大絶賛する品揃えがあるけれども店主がものすごく気難しくて注文するのに勇気が要る、というお店がもしもあったとしたら、確かにマニアにとってはすごくいいお店かもしれませんが、ビール初心者にとってはいいお店とはいえませんよね。

そこでここからは、どういう点を見れば、初心者にとってのいいお店なのかというポイントをお話ししていきます。

★ビールの種類がどれぐらいあるのかを確認しよう

ビール初心者にとってうれしいのは、やっぱりビールの種類がたくさんあることです。まだ見ぬおいしいビールと出会いたいのですから、いろいろ飲めた方が素敵なビールに当たる可能性は高くなります。何より、知っているお酒が増えていくことはとても楽しいことですよね。というわけで、行きたいお店のWebページなどを確認して、どれぐらいビールを揃えているのか見てみましょう。このとき、タップ数が記載されていると、さらに参考にしやすいです。

ここでひとつ注意したいのは「たくさんの種類がある」とはいっても単に置いているビールのスタイルが多いという意味だけではないということです。

たとえばIPAにすごくこだわっていて、スタイルとしてはIPAしかないのだけれども、IPAを豊富にそろえていて飲み比べができる、というお店があったとします。スタイルだけに注目をするとIPAという1種類しかないのですが、実際には「たくさんの種類」のビールがあるといえるわけです。そしてそういうお店の方が、当たり前ではありますが、ひとつのスタイルについて深く追求するのに役立ったりもします。


そして前述の通り、サーバーの樽を次々と入れ替えていくため、お店のWebページなどに公開されているメニューには書ききれないということもあります。「たくさんありますのでお気軽にお問い合わせください」と書かれているようなお店ですね。そういうお店は、口コミ情報などを参考に、どれぐらいの種類があるのかを見るといいでしょう。

ちなみにタップが多すぎる店舗はどうしても出る商品にばらつきが出ることがあります。開栓してから日が経った樽もあるのですね。そのため、タップ数が多ければいいというわけではないので、ここでも口コミ情報を参考にしたいところです。

★グラスを見よう

出てきたビールがおいしいかおいしくないか。これは飲んで判断をするのですが、初めて飲むビールだと、仮においしくないと感じても、きちんとした注ぎ方で入れたものなのか判断がつかなかったりもします。

というのも、ビールはとても繊細なので、サーバーの洗浄やメンテナンスをしっかりしていないと味がものすごく落ちるからです。もしかしたら、そのおいしくないと感じたのは、メンテナンス不足の可能性があるかもしれません。

でもプロの人に「サーバーはきれいにしているのですか?」とは聞けませんよね。そこで見るのがグラスです。しっかりとグラスをきれいにしているお店は、サーバーもきれいにメンテナンスをしている可能性が高いからです。きれいな泡のビールを出してくれるお店は、メンテナンスが行き届いているということですね。

一説には、毎日サーバーのメンテナンスをしているお店は、飲食店の3割ほどだとか。

もちろんこれはチェーンの居酒屋などを含めた数で、ビールにこだわるビアバーの中の3割というわけではありません。実際にはビアバーではかなりの数のお店が、しっかりメンテナンスをしていることと思われます。

★掃除が行き届いていると基本的にはいいお店

グラスと合わせて注目したいのが、掃除が行き届いているかどうかです。店頭も含めてきれいに掃除されていると、サーバーのメンテナンスも行き届いている可能性が高くなります。また、そうでなくても清潔で快適な環境の方が心地よく飲めますよね。

★混雑しているお店では新鮮なビールを飲める

混雑していて活気のあるお店は、それだけで楽しくなり、おいしく感じるものです。そういったお店のいいところは、空気感だけではありません。人がたくさん来ているということは、注文もたくさん入り、回転率があがるのです。回転率がいいということは、次々と新しいビールが入り、結果としていつでも新鮮なビールを楽しめるということでもあるのです。

もちろんお店では、家庭用の冷蔵庫よりもしっかりとお酒を保管できる業務用冷蔵庫を使っています。瓶のビールでも、未開封だったら新鮮な味わいを保持している期間は、家庭で保管するよりも長くなります。それでも、回転率がよくていつ注文をしても新鮮なビールが出てくるのはうれしいものです。混雑している人気のお店にはなかなか入れないかもしれませんが、予約をとって行ってみるといいでしょう。

★ブリューパブや醸造所の直営店へ行ってみよう

新鮮なビールを楽しみたいのなら、ブリューパブを探してみるのもいいでしょう。ブリューパブ（Brew Pub）とは、ビール醸造設備を持っていて、自前のビールを提供してくれるお店です。そのお店で造っているのですから、できたてそのものの新鮮なビールをタンクから出してくれるのです。自家醸造をしているということは、いろいろな工夫をしやすいということでもあります。ブリューパブでは他のお店にはないオリジナルビールが飲めるのが魅力といえるでしょう。そのビールならではのこだわりや工夫をお店の人に直接聞けるのは、とても勉強になります。もちろんパブなので、オリジナルビールだけではなく、他のさまざまなビールも楽しむことができます。

似て非なるお店として、ビール醸造所の直営店があります。また、小規模なビール醸造所の中には週末だけ飲めるように醸造所を解放するところもあります。こちらもできたてのビールが楽しめるほか、他のお店には卸していないオリジナルのビールを楽しめることもあります。唯一の弱点といえば、その醸造所のビール以外が飲めないということでしょうか。でも、それはビールが1種類だけしか提供されていないというわけではありません。たいていの醸造所では複数種類のビールを造っていますので、一回で飲み終わってしまえないぐらいの数が提供されています。

同じ醸造所の中で違うスタイルのビールを飲み比べることで、醸造所の傾向や、よりスタイルの違いがわかることがあります。水などは共通で、造りが違うからですね。そういう意味でも、ビール初心者にとってはとても魅力的なお店です。

★禁煙、もしくは分煙がしっかりしているお店もある

ビールの味わいの中で、香りは重要な要素です。なので、飲んでいる周囲でたばこを吸っている人がいると、煙のにおいでビールの香りがわからなくなるということに納得して

もらえると思います。

というわけで、禁煙もしくは分煙がしっかりしているお店を選ぶことをオススメします。ビール初心者で、さまざまなビールを味わうのが目的だったら、できるだけそのビールの全てを味わいたいですよね。そこにたばこのにおいがあると、複雑なアロマを感じとるのが難しくなってしまいます。ビールにこだわったお店で、禁煙だったり分煙をしっかりしているお店も増えてきているので、予約をするときに気にかけてみるといいでしょう。

もし喫煙者だったり、喫煙者と一緒にお店に行く場合には、店内は禁煙だけれども店外に喫煙所があるというお店もあります。そういうお店だったら、お互いに遠慮することなくビールを楽しめますね。

★何も言わなくても最初から水を出してくれる

ビールはアルコール度数が低いお酒だとはいえ、飲んでいるときに水を一緒に飲んだ方がいいというのはこれまでに学んできた通りです。また、次のビールを楽しむために口の中をリセットしてくれるという意味でも、水は大切です。なので、ビールを注文したときに、何も言わなくても最初から水を出してくれるお店は問答無用でいいお店といえるのです。こういったお店は、ビールだけを出してくれるお店には少なく、ビール以外の他のお酒も置いているお店に多い傾向があります。

もちろん、多くのお店では、お願いすれば水をもらえるので、最初から出てこなくても問題ないといえば問題ありません。ですが、お店側が最初から飲み手の体調や環境に気を遣って水を出す気配りをしているということは、それだけ初心者にとってやさしいお店である可能性が高いということです。

★コンセプトがしっかりしているお店が一番

いろいろお話ししてきましたが、一番オススメなのは「コンセプトがしっかりしている」「コンセプトが伝わってくる」お店です。

ビアバーには、それぞれのお店にどういう売りがあるのか、コンセプトがはっきりしているお店が多いのです。ベルギービール主体だったり、日本のクラフトビールメインだったり、パブだったりと……そういったコンセプトがはっきりと伝わってくるお店は、初めてでも利用しやすく、いいお店なのです。

たとえば日本のクラフトビールがメインのお店に行ったとしましょう。そして、自分にはその知識があまりなかったとします。並んでいるお酒のどれがいいか、すぐにはわかりません。そんなときは素直にお店の人に聞いてみましょう。自分はこういうのが好みなのですが、こういうビールはありませんか。もしくは、先ほど飲んだこのビールがおいしかったのですが、他に味わいが近いビールはありませんか。などです。コンセプトがはっきりしているお店ほど、わかりやすく丁寧にオススメのビールを教えてくれるはずです。なぜならそういうお店はテーマに合うビールを伝えることに熱心で、なおかつ質問も多く受けているからです。受け答えに慣れているので、質問する側が初心者でも問題ありません。

こういうお店では、料理も一緒に頼んでみましょう。コンセプトがはっきりしているお店ほど、置いているビールと相性が良い組み合わせになるように考えられているからです。ビールの味わいと料理とのペアリングを楽しむのにも、コンセプトがはっきりしているお店がいいというわけですね。

こういうお店と出会えて、そこのビールが自分に合っていると感じたら、しばらく通い詰めていろいろなビールを試してみてください。そこでの経験は、他のお店でビールを飲むときにも大いに役立つはずです。

21
時間目

SUMMARY

まとめ

お店で飲むビールは同じビールでも
家とは違ったおいしさがある

サーバーの関係で、メニューには
載っていないビールが出るお店もある

サーバーはメンテナンスが重要で、
行き届いているかはグラスや
お店がきれいかどうかである程度はわかる

混雑しているお店では、
常に新鮮なビールを飲むことができる

ブリューパブや醸造所の直営店
にも行ってみよう

22時間目

ビールはどうやって買えばいいの？

お店などでおいしいビールに出会えたら、今度は自分で買ってみましょう。お店で飲むのもおいしいのですが、家で飲むのもまた楽しいのです。注ぎ方を工夫できるし、おつまみを考えながら飲んでもかまいません。気のおけない友人達と一緒に飲むのもいいでしょう。何よりも、外で飲むより安くつくのが魅力ですよね。また、バーベキューやイベントなどに、自分達でビールを持って行こうと考えることもあると思います。そういうときにも自分でビールを買わなければなりません。

でも、どうやって買えばいいのでしょうか。22時間目では、ビールの買い方についてお話ししていきます。

基本的には缶や瓶で売られている

まずはビールがどのような形態で売られているのかを確認しましょう。一番多く見るのが、缶ビールです。内容量は３５０㎖と、５００㎖の2種類ですね。海外のビールでは３３０㎖や３５５㎖タイプのものもあります。大手メーカーのビールだけではなく、発泡酒や、クラフトビールでも多く見られるサイズです。缶の優れているところは遮光性と輸送コストでしょうか。ビールの劣化の原因のひとつである光を完全に遮断することができます。また、軽くコンパクトに箱に詰められるので、大量に買ったり輸送するときには缶の方が便利です。そのためか、お酒を販売する専門店だけでなく、コンビニエンスストアや自動販売機などでも入手しやすい容器です。

欠点は、缶にビールを充填するためには大がかりな設備が必要ということでしょうか。缶は炭酸ガスを一度充填させ、そこからビールを注ぎ、封をするという工程で詰められます。そのため、ある程度以上の規模の会社のビールでないと、なかなか缶ビールは販売されません。

缶と並んで代表的なのが、瓶ビールです。こちらは、大手メーカーの中瓶や大瓶といったサイズが大きめのものと、クラフトビールなどで使われる３３０㎖や３５５㎖(アメリカのビールに多いサイズです)の小瓶とに分かれていると考えればいいでしょう。缶よりも詰めるコストがかからないため、小規模醸造所で造られることの多いクラフトビールは瓶で売られているものの方が多くなっています。

樽も購入することができる

ちなみにそれ以外の、たとえば樽でビールを買いたい場合はどうしたらいいのでしょうか。ビールサーバーに接続して使う樽は、基本的には業務用なので普通の酒販店には並んでいません。ですが、一部のお店では購入することができます。一番お手軽なのがチェーン店のディスカウントストア「カクヤス」でしょうか。購入すると、樽を運んで持ってきてくれる他に、ビールサーバーも借りることができます。大がかりなバーベキューをするときなどに、ビールサーバーと樽の生ビールを用意すると盛り上がりますよ。

一番お手軽なインターネット通販

実際にビールを買うときに、一番お手軽で確実なのはインターネット通販です。お店で飲んでおいしかった、イベントで飲んでおいしかった、友達に「このビールがとてもおいしいよ」と薦められた、ということがあったら、そのお酒の名前で検索すればいいのです。

いくつかの通販ページが出てくることでしょう。あとはそのままポチッと注文をしてしまえば、数日後にはお酒が届いてしまいます。買いたいお酒の具体的な名前がわかっているのなら、一番お手軽な方法であるのは間違いありません。

忘れてはならないのが、クラフトビールは小さい醸造所で造っているビールだということです。中には結構な規模で造っているところもありますが、ほとんどのところはそれほど大きくありません。そうなると、たとえ人気が出たとしても、全国的に販売する生産力がなかったりもするのです。そのため、実店舗では地元の酒屋さんとか一部の特約店にしか並ばないものもあるのです。そういったビールを手に入れるためには、やはり通販が確実なのです。

販売しているのは酒屋さんや醸造所のページだけではありません。インターネット通販大手でも数多くのビールが販売されています。楽天やアマゾンにお店を出している酒屋さんはたくさんあるのですね。これらのサービスでは検索機能も充実していますから、欲しいビールがあったらまず検索するといいでしょう。

通販のメリットは、あまり見かけないようなクラフトビールを検索で見つけ出し、すぐに購入できるというだけではありません。大手メーカーのビールなどを、たくさん購入したいときなどには、家まで運んできてもらえるサービスはとてもありがたいのです。たくさんビールが必要になることがわかっているときには、あらかじめ大量に購入しておくといいでしょう。

ビールは繊細なお酒だということを今までに話してきました。だとすると、通販で運搬されるお酒は大丈夫なのかと心配する人もいるかもしれません。結論から先にいいますと、大丈夫です。場合によっては、通販の方が品質が保たれているときもあります。どういうことかといいますと、店舗に並べているよりも、専用冷蔵庫など保管庫だけで管理をした方が、ビールにとっては具合がいいことが多いからです。通販だからこそ、出荷するギリギリまで、最適な環境で管理されているのですね。もちろん届いたら、できるだけ早く冷蔵庫にしまいましょう。家に届く直前まで衝撃が加わっているので、落ち着かせる意味もあります。

ギフト限定のビールもある

お店では販売しないで、通販だけのビールもあります。特定の企画のもとに生まれたビールだったり、数がそもそも少なかったりと、さまざまな理由ですが、店頭には並ばないビールがあるのですね。たとえば大手メーカーのビールでも、夏のお中元の時期や、冬のお歳暮の時期にギフト限定として販売されるものがあります。ギフト限定と聞くと、誰かがプレゼントしてくれないと飲めないように思いますが、自分で自分にギフトを贈ってしまえばいいのです。いつものお酒とちょっと違う味わいになっていますので、季節ごとにギフトをチェックしてみるのも楽しいですよ。

かなり充実しているデパートや高級スーパー

インターネット通販もいいけれども、実際に買いに行きたいと思ったときに便利なのは大型デパートにあるお酒コーナーです。広くて買いやすく、敷居が低く、海外のビールやクラフトビールが充実していることも多いからです。輸入もののビールは高級品というイメージがあるからでしょうか。最近では、海外のビールだけではなく、日本のクラフトビールをたくさん置いてあるところも増えました。同様に、品揃え豊富な高級スーパーもクラフトビールが充実している傾向にあります。

意外と充実しているコンビニエンスストア

今や、生活の基盤となっているのはスーパーなどよりもコンビニエンスストア（以下、コンビニ）という人も多いのではないでしょうか。24時間開いているので、欲しくなったときにすぐ買いに行けるのがいいですよね。

コンビニでは大手メーカーのビールを中心に販売しています。ポイントなのは、いわゆる定番のピルスナーだけではなく、積極的に新商品や限定品が並ぶということです。『グランドキリン』シリーズのように、キリンビールと各コンビニが限定バージョンを共同開発するようなビールまで登場しています。あまりビールに力を入れていない酒屋さんに比べたら、コンビニの方がいろいろな種類のビールを買えるのです。

さらにコンビニのいいところは、回転率の早さと冷蔵保存でしょうか。常に大きな冷蔵庫の中で一定の温度で保管されていますし、冷蔵庫の電源を途中で切られることはありません。そして、次から次へと新商品が並ぶというのは、それだけ回転率が良く、いつ買っても新鮮なビールを楽しむことができます。デメリットとしては、定価販売であるということでしょうか。何かと一緒に買うと数十円引きとか、独自のポイント引き替えなどがありますが、それらを利用しないと定価で購入することになります。

今や、ヤッホーブルーイングがコンビニの「ローソン」とコラボ商品を出すなど、コンビニで全国的に日本のクラフトビールが買えるようにもなっています。定期的にコンビニをチェックして、新商品を試してみるのもとても楽しいです。

大量に買うならディスカウントストア系の酒屋もありかも

ディスカウント系の酒屋さんは、大手の缶ビールだけが売られているという印象を持っている人がいるかもしれません。でも、意外とクラフトビールも多く販売されていたりもします。もちろん、店舗によって品揃えには差がありますが。

ディスカウント系の酒屋さんでビールを買う際には、少し周囲を見てみてください。缶が入っている箱などが乱雑に積まれていたり、外に置かれていたりすると、これは品質が劣化している可能性が高いです。ビールは繊細なお酒なので、一定の温度の、できれば低温で扱われていないと劣化してしまう可能性があります。また、瓶のビールが蛍光灯のすぐそばに置いてあるところも要注意です。蛍光灯の紫外線でもビールは劣化してしまうのですね。詳しくは24時間目でお話しします。もちろん、回転が早く、ビールが劣化しないように扱っているお店もたくさんあります。

どちらかというと、ディスカウント系の酒屋さんは定番のビールをたくさん買うタイプのお店であることは間違いありません。安いのは、何にも替えがたい魅力ですね。新しいビールと出会うためのお店というよりは、既に飲んだことがあるビールを安く買うためのお店、という認識の方がいいかもしれません。もし万が一、扱いの悪さから来る劣化で、いつもと味が違うなと思ったら、次からそこのお店では買わないようにすればいいのです。

ビール専門の酒屋さんもある

お酒を売るプロといえば、何だかんだいっても酒屋さん。そういうイメージを持っている人もいると思います。実際に、いろいろな種類を置いているビール専門店はいくつもあります。こういったお店は、それほど数は多くなかったりもするのですが、近所で見かけたらしめたものです。こういうお酒が飲みたいんです、と相談をしてみましょう。ここでしっかりと相談に乗ってくれて、好みのビールを探し出してくれるのは、間違いなくいい酒屋さんです。全然相談に乗ってくれないところは、いくら種類がたくさんそろっていたとしても、残念ながら初心者向けのお店とはいえません。他のお店などで経験を積んでから利用するようにしましょう。

どのお店で買うにしても、覚えておいて欲しいことがあります。まずは、高いお酒＝おいしいお酒ではないということです。人の好みはそれぞれ。しかも、これだけ多彩な味わいを持つビールですから、人によっては甘いものが好きだったり、人によっては苦いものが好きだったりもするでしょう。そして、好みと値段は必ずしも比例するわけではないということです。高いビールは、造るのに手間や時間がかかるか、材料をふんだんに使っているか、ということでしかありません。味がいいから高い、というわけではないのです。

そしてもうひとつ。ビールにとって新鮮さはとても大切だけれども、それが全てではないということです。たとえば、すごく好きな銘柄で製造年月日が3ヶ月前のものと、それほど好きではない銘柄で製造年月日が1ヶ月前のものとがあったとしましょう。新鮮さでいうと、好きではない銘柄の方が上ですが、実際に飲んだ時の満足感はおそらく好みの銘柄の方が上のはずです。鮮度は大切ではありますが、きちんと保管してあるものなら3ヶ月ぐらいでしたら品質は落ちないということも頭に入れておきましょう。

22
時間目

SUMMARY

まとめ

ビールは缶や瓶で売られているが、
樽も購入できるところがある

一番お手軽なのは、検索して
購入できるインターネット通販

デパートや高級スーパーの
ビールコーナーも充実している

コンビニのビールコーナーは
馬鹿にならないので、定期的に
新商品をチェックしよう

近くに品揃えのいいビール専門の
酒屋さんがあれば、飲みたい
ビールを相談してみよう

23
時間目

ビアイベントへ行こう！

新しいビールと出会うのに最適なのが、ビールのイベントに参加することです。大勢のビール好きが集まり、わいわいとビールを飲みまくる。夢のような話ですよね。提供されているのも、いつも飲んでいるビールだけではありません。普段はなかなか飲むことができないような特定の地域だけで流通しているビールや限定醸造のビールを飲むチャンスがあったり、イベントのために造られたビールがあったりと、特別感にあふれたものが多かったりします。必ずや飲んだことがないビールと出会うことができるでしょう。

23時間目では、こういったビールイベントについて、その長所と短所を見ていくことにします。

イベントに参加するときに注意すること

ビールのイベントにおいて、一番注意をしなければならないのは、会場に水が潤沢にあるわけではない、ということです。脱水症状を防ぐためにもなるべく水をたくさん飲みたいのですが、水コーナーとして飲み放題の水が用意されているところはとても少ないのです。また、水道が解放されているイベントもありますが、グラス洗浄用で、飲み水は別だったりすることもあります。

というわけで、ビールイベントに参加するときは、なるべく水を自分でも持って行くようにしましょう。持ち込みが禁止されていても、ペットボトルの水は除くと明記してあるイベントも増えてきました。できる限り水を飲んで、イベントを力一杯楽しみましょう。

オクトーバーフェストへ行ってみよう

ビールイベントで一番有名なのは、何といってもオクトーバーフェストではないでしょうか。ただ「オクトーバーフェスト」とだけいうと、ドイツのバイエルン州にあるミュンヘンで毎年開催されている世界最大のビールイベントのことを指します。毎年何百万人もの人が集まるこのイベントは、9月半ばから10月上旬にかけて開催されるため、オクトーバー(10月)フェストというのです。

このようにドイツで開催されるイベントだったオクトーバーフェストは、今や世界中で開催されています。もちろん、日本でも開催されています。ドイツ以外で開催される場合にはビールをひたすら飲むためのイベントというよりも、どちらかというとビールと合わせてドイツ文化を紹介するという側面があります。そのため、10月に関係ない日程で開催されてもオクトーバーフェストと呼んでいるのですね。日本ではさまざまな団体が、各地でオクトーバーフェストを開催しています。ビール祭り＝オクトーバーフェストという感じですね。

オクトーバーフェスト（以下は注記がないかぎりは日本版オクトーバーフェストを指します）では、グラスがデポジット制というところに特徴があります。グラスの代金を最初に払い、イベント終了時にグラスを返却すると、その分のお金が返ってくるのです。使い捨てや破損防止を目的に、ビール購入時にグラスの代金を預かり、グラス返却時にその代金を返却するというシステムですね。

オクトーバーフェストではさまざまなスタイルのドイツビールが出ています。しかもそれを、それぞれのスタイル専用のグラスで出してくれます。そうなると、デポジットのグラスはどこで返せばいいのでしょうか。現在では、飲み終わったグラスをどのブースにでも持って行って渡せば、次のビールが専用のグラスで出てくるという仕組みになっています。

ドイツのオクトーバーフェストは、もともとは収穫に感謝しつつ、冬前にビールを飲み尽くしてしまおうというお祭りが発祥のイベントです。それを丸ごと日本に持ってきたものなので、ビールをとにかくひたすら飲みたい、いろいろな種類のビールを飲みたいという場合には、少し不向きかもしれません。少なくとも、行くたびに味わいの異なるビールが次々と登場しているというタイプのイベントではありません。ドイツビールとドイツ文化の雰囲気を味わうお祭りなのです。ドイツを思う存分楽しみましょう。

ビアフェスへ行ってみよう

ビアフェスは、正式名称をジャパン・ビアフェスティバルといって、クラフトビアアソシエーション（日本地ビール協会）が開催するビールイベントです。

ビアフェスの特徴は、各ブースでお金を払うわけではなく、入場料を払ったあとは基本的に飲み放題というところです。飲み放題とはいっても、一度に注がれる量は50㎖ぐらいで、複数のビールを同時にもらうことはできません。ビアフェスは、テイスティングを通じて今のビールの多様性を知るための試飲イベントと考えるといいでしょう。そのため、軽いおつまみはありますが、基本的にゆっくり座って飲み食いする場所があるわけではありません。立ち飲みで、試飲を続けていくのです。

同じ醸造所の中でのビールの違いを楽しんだり、違う醸造所の同じビールを楽しんだりと、人によってさまざまな楽しみ方ができるイベントです。一度に注がれる量が少ないので、たくさんの種類を味わいやすく、知らないビールと出会いたいときにぴったりといえるでしょう。

酒屋での試飲販売イベント

規模はそれほど大きくはありませんが、最もお手軽なのがこのタイプのイベントです。主にデパートや百貨店のお酒コーナーで店員さんが企画して、取り扱っている瓶を複数開けて試飲をさせてくれるというものです。時には、特定の醸造所のコーナーを作り、ビールフェアを行うこともあります。

これは、特にクラフトビールの中でも、海外からの輸入ビールは自分で手を出すには高い、でも味を知りたいという声に応えたものです。常にやっているわけではないのですが、もしもやっていたときには、知らないビールを味わうチャンスでもあります。

気に入ったり、少しでも気になったビールをその場で買えることも大きなポイントです。買って持ち帰って飲んだ方が、状態がいいからです。というのも、試飲用のビールは、あまりガスが抜けたりしないよう、ワインで使われるような栓などをしたりはしているのですが、それでも常に開けたてを試飲できるとは限らないのですね。なので、ちょっと気になる程度のものでも買ってみるといいでしょう。新しい発見があるかもしれません。

醸造所や工場見学へ行ってみよう

醸造所や工場の中では、見学を受け付けているところもあります。これは全ての醸造所を見学できるということではありません。大手メーカーのビール工場でも、見学できるところが限られたりしています。それでも、インターネット等で調べると見学を受け付けている醸造所は必ず見つかるでしょう。試飲があるものは未成年は申し込めなかったりしますが、基本的には誰でも見学を申し込むことができます。何より普段は入れない工場内に入れるというのは、それだけでわくわくしませんか？

この本で学んだ製造工程を実際に見るのは、とても楽しい経験になると思います。実際に見学をすることで、思ったよりも仕込釜や煮沸釜が大きく迫力があると実感できることでしょう。

工場や醸造所の中には、有料試飲ができるコーナーを備えているところもあります。いま見学してきたところからできあがるビールがこれなんだと思うと、ひときわおいしく感じるのではないでしょうか。

ビアバーでのイベント

ビアバーやパブで、醸造所の方を呼んで、そこで造られたビールをたっぷりと楽しむイベントもあります。このタイプでうれしいのは、何といっても醸造所の方にお話を聞けることです。忙しそうに動いているビールイベントでは、話しかけにくいと思います。でも、こういうお店でのイベントだったら、それほど人が多くないこともあって、いろいろと質問したりできます。もちろん、他のお客さんや醸造所の方に迷惑にならないようにはしなければなりませんが。

また、開催場所がお店なので、おつまみも充実していたり、お水がすぐにもらえるのもうれしいところです。

広場や公園、商店街でのビールイベント

ビールイベントはまだまだあります。大きな広場や公園、商店街などで行うイベントが多いでしょうか。さまざまな醸造所がそこで店を出して、参加者は1杯ごとにお金を払うキャッシュオンデリバリーの形式だったり、チケット形式でビールを楽しみます。こういったタイプのイベントでは、開催期間中はいつでも参加していつでも帰れる気軽さが魅力です。

23
時間目

SUMMARY

まとめ

ビールイベントでは、新しいビールとたくさん出会うことができる

イベントはそれぞれ特徴があるため、自分に合ったイベントへ行ってみよう

イベントにはなるべく水を持って行って、万全の体調で臨みたい

オクトーバーフェストはビールと共にドイツ文化を楽しむイベント

ビアフェスは、たくさん試飲してビールの多様性に触れるイベント

24
時間目

ビールはどうやって保存したらいいの？

いよいよ最後の時間になりました。最後にお話しするのは、ビールの老化についてと、どうやって保存すればいいのかについてです。

ビールは新鮮なうちがおいしく、どんどん味が変わっていく繊細な飲み物です。では、どのように味わいが変わっていくのでしょうか。そして、味が変わらないようにするためにはどうしたらいいのでしょうか。見ていくことにしましょう。

ビールは老化する

ビールに限らずですが、どんな食品であっても、保存中に品質が変化します。時間が経過するに従って起こる変化のうち、人にとって都合のいいものを「熟成」と呼び、おいしくなくなったり毒性を持ったりする変化を「劣化」や「老化」と呼ぶのです。

ビールが老化するとどのようなことが起こるのでしょうか。ピルスナータイプを例に説明していきましょう。一番大きい変化は、酸素に触れたことによって起こる酸化です。酸化をしたビールからは、段ボール紙のようなにおいがしてきます。これを紙臭（カードボード臭）といいます。ビールの中にある、麦芽由来のリノール酸などの脂質が酸化して生じてしまうオフフレーバー（不快臭）ですね。

また、ビールは日光にも弱い飲み物です。直射日光にさらされると、日光臭と呼ばれる、動物の毛が蒸れたような、ツンと焦げたような独特のオフフレーバーを生じます。

これらの変化が起きてしまったビールは、元の味わいに比べると、おいしくなくなっています。これが「老化」なのです。ほとんどのビールはこの老化から逃れられません。

熟成に耐えるビールもある

先ほど「ほとんど」といったのには理由があります。ベルギービールなどの中には、熟成に耐えるビールもあるからです。長期保存しても品質が落ちないよう、通常より多いホップや麦芽を使って造られたり、アルコール度数高めで造られたりしています。基本的には、ヴィンテージ（生産年）が記載されているものが、熟成しておいしくなるビールと考えるといいでしょう。バーレイワインのようなアルコール度数が高いものは、熟成させることでアルコールの刺激がまろやかになっていきます。

ビールが老化してしまう要素は？

ビールの味わいが変わり、老化していく要素は、大きく分けると5つあります。

1. 時　間

どんなビールでも、時間が経つにつれて中の成分が変化して、味が損なわれます。先ほど述べた長期保存用のベルギービールのような例を除いて、工場出荷時が一番おいしい時なのです。

ここで、8時間目で学んだことを少し思い出してください。実は、ビールの熟成は、多くの場合「発酵・貯蔵工程」で終わっているのです。おいしくなるタイミングまで熟成させて、おいしさのピークで出荷をしているのですから、あとは劣化していくのみというわけです。20時間目でもビールの鮮度が重要とお話ししたように、できるだけ出荷されてから日が浅いうちに飲むようにしましょう。缶内や瓶内で熟成することは、ほとんどないと考えてください。

2. 空　気

ビールにとっての一番の敵は空気に触れることです。特に酸素に触れて、成分が酸化すると紙臭が発生してしまうということは先ほどお話ししました。

そのため、ビールメーカーではビールを充塡するときにも気を遣っています。缶ビールの場合は最初に炭酸ガスを詰めてからビールを充塡し、封をすることで酸素に触れないようにしているのです。

一度開けたビールは、いくら泡で蓋をしたとしても、酸素に触れていきますので、すぐに飲むようにしましょう。特に乾杯をするときに、全員にビールが行き渡るまで待つのはどんどんビールの味を悪くする行為です。SNSに投稿するために写真を撮ったりするのも、1枚ぐらいだったら大丈夫ですが、何度も撮り直していくうちにどんどん老化が進んでいくということは頭に入れておきましょう。

3. 振　動

ビールのように炭酸ガスが含まれているお酒は、振動にとても弱いです。衝撃や振動が加わると、中のガスが外に出ようとするのです。そうなると、香味のバランスが崩れておいしさを損なってしまうのです。

買ってきたビールは、運んでいる最中に振動が加わっています。落ち着かせるためにも、しばらくの間冷蔵庫に保管しておくといいでしょう。なお、冷蔵庫に保管する場合にはドアポケットに入れることは避けましょう。どうしてもドアの開け閉めをするときに、振動が加わってしまうからです。

4. 日光

先ほど、ビールは日光によって日光臭が発生してしまうというお話しをしました。瓶ビールが茶色や緑色をしているのは、実は日光をある程度防ぐためなのです。でも、完全に遮光できているわけではないので、日光に当たるとダメージを負います。できる限り日光が届かないところに保管するようにしましょう。

ちなみに、より正確には日光の中の紫外線が老化の原因です。そのため、蛍光灯の光でも当たり続けていると劣化していきます。

5. 温度

温度によってもビールの味わいは変化します。だいたい保管温度が10℃高いと、品質低下は3倍早く進むといわれています。温度が高い方が、老化は早く進むのですね。じゃあ冷凍庫のような超低温で保管すればいいと考えるかもしれません。でも、ビールは3℃以下になるとにごりが生まれますし、さらに凍ってしまうとビールの中の成分が一部固まってしまいます。それは温度を上げても元通りにはなりません。従って、一度でも凍らせてしまうと、香味のバランスが崩れることになります。

なので、できるだけ低く、でも凍るまではいかないという温度で保管することが一番となります。

以上のことから、ビールの保管には冷蔵庫が一番優れているといえます。日光に当たらず、ドアポケット以外だったら振動もそれほど加わらず、温度が低いからです。

注意しなければならないのは、家庭用の冷蔵庫の場合は、ドアの開け閉めですぐに温度が上がることでしょうか。15秒程度開けるだけで、すぐに温度が1℃も上がってしまいます。特に大切なビールを保管しておく場合には、なるべく温度変化の少ない奥の方や下の方に、瓶の場合は新聞紙に包んで光を通さないようにしておきましょう。

とはいっても、あまりに大切に保管しすぎると「時間」ばかり過ぎてしまいます。買ってきて、冷蔵庫に入れて冷やして、ある程度落ち着いたら、すぐに飲んでしまうのがビールにとっては一番なのです。

24
時間目

SUMMARY

まとめ

ビールは時間が経つと
どんどん老化する

長期熟成に耐えるビールは
少ないながらも存在する

変化する要因は5つ。
時間、空気、振動、日光、温度

冷蔵庫に保管するのがオススメだが、
ドアポケットは避けよう

時間が経過すると味が変わるので、
なるべく早く飲むのが
一番おいしい

コラム④

オクトーバーフェストのディアンドル

オクトーバーフェストの楽しみは、ビールはもちろん、さまざまなドイツ文化に触れることにもあります。中でも目立つのは、女性の着ている民族衣装ではないでしょうか。

これは「ディアンドル」といって、ドイツのバイエルン地方やオーストリアのチロル地方といった、南部の方で着られていた女性用の伝統的な民族衣装です。オクトーバーフェストはバイエルンの州都ミュンヘンで開催されますから、いわばご当地の民族衣装なのですね。もともとはアルプス山脈の農家の女性が着ていた衣装からきています。彼女たちが街へ出稼ぎに行った際に「お嬢さん」と声をかけられたところからきているとか。バイエルンの方の言葉でディアンドルがお嬢さんという意味なのですね。そのときに着ていた衣装がそのままディアンドルという名前で広まりました。

もともとはそのように、出稼ぎだったり、働くときに着ている衣装だったので、非常にシンプルで動きやすい作りになっています。現在は装飾や素材がきらびやかになり、オクトーバーフェストなどのお祭りでも着られています。イメージ的には、日本の伝統的な衣装の「浴衣」

Co

に近いかもしれません。こちらも伝統的な衣装だったのが、今ではおしゃれ着としてお祭りの際に着られています。

浴衣では右前（右側が手前）に着るのが基本で、左前（左側が手前）だと死人の意味になってしまうように、ディアンドルも着方によって意味が異なります。エプロンにつけるリボンを左に結ぶのが独身女性、右が既婚女性で、後ろ中央に結ぶと未亡人、もしくはお仕事中です。

オクトーバーフェストでは、ディアンドルのレンタルもたくさんあります。せっかくの機会なので、女性だったら着てみてはいかがでしょうか。レンタルじゃなくて、自分の手元に欲しいという人は、アマゾンなどのインターネット通販でコスプレ衣装として買うことができたりします。本場のものが欲しいという人は、ドイツのアマゾンの方が品揃えが豊富なので、そちらから買うのもいいでしょう。**Amazon.de** で「Dirndl」で検索をしてみてください。ちなみにドイツでは、スーパーなどでも購入できます。残念ながら、男性用の伝統的な革製の半ズボン「レーダーホーゼン」のレンタルはなさそうなので、着たい男性は買うしかないようです。

衣装も含めて、オクトーバーフェストでビールを楽しみましょう！

なビールを好きと言おう

とうとう卒業式です
ビールのこと詳しくなれた気がします
おいしいビールはまた飲みたいもの
だけど
小さな醸造所のビールは
ごめんなさい 昨日で終わっちゃったんです
次に出会えるのがいつか 分からない
ガー
そこでビールの記録をとっておいて
次に出会った時も忘れず飲めるように
好きなビールをまとめておきましょう
BEER NOTE
メモするのめんどくさい
という人は

THE LAST CHAPTER ★卒業式★

自信を持って好き

卒業式

自信を持って好きなビールを好きと言おう

24時間にわたっての受講、おつかれさまでした。ここまで学んできたあなたは、立派なビール党になっているのではないでしょうか。

ビールの世界は広大で、奥が深く、時には今回の講義で聞いたことがないような用語やビールと出会うかもしれません。でも大丈夫。恐れることはありません。今まで学んだ知識を使えば、そのビールを理解し、おいしく味わうことができるはずです。

さて、最後に卒業課題を出したいと思います。とはいっても、身構える必要はありません。課題はずばり「飲んだビールを記録しよう」ということです。

クラフトビールとの出会いは一期一会

おいしいビールを飲んだら、後日また飲みたくなりますよね。でも、それがクラフトビールだった場合、すぐにまた会えるかどうかはわかりません。というのも、小規模な醸造所の場合、タンクをローテーションさせて複数種類のビールを造るため、一度売り切れたら当分は同じものを造らないことがあるからです。

さらに、ビールは醸造酒です。麦芽やホップを発酵させて造るお酒なので、その年の農作物のできばえによっては味に差ができたりもします。毎年同じようにおいしいのは、職人芸の賜物なのです。おいしいビールとの出会いは常に一期一会だと思っておいた方がいいでしょう。

余談ですが、大手メーカーのビールだって、全てが同じ味であるとは限りません。たとえばアサヒビールの『アサヒスーパードライ』は沖縄で販売されているものは傘下のオリオンビールの工場で造られています。ビールのレシピは同じはずなのですが、水が違うせいなのか、味が違うという人は少なくありません。他にも、サントリービールの『ザ・プレミアム・モルツ』は、瓶にビールを充填する設備が京都工場のみのため、瓶のものは京都工場製、缶のものはそれぞれの工場製となっています。これも、味わいが違うという人はいるのです。

話が少し横道に逸れましたが、だからこそ、おいしいと感じたビールは何らかの形で記録に残すことをオススメするのです。

重要なのは名前とおいしさ

とはいっても、毎回メモ帳を持参して、ビールを飲みながら詳細にメモを取るということをやれといっているわけではありません。そうしなきゃいけないと思うと、身構えてしまってビールの味わいがわからなくなる可能性もあります。

この記録は、誰かに発表するためのものではありません。自分がどういうビールが好きなのか、好みを見つける自分専用のものなのです。なので大げさな表現は必要なく、「お酒の名前」と「おいしかったか」がわかればいいのです。

ビールの味わいは、スタイルごとに違います。名前さえわかれば、そのビールがどんなスタイルかは調べられますし、ものによっては名前の中にスタイルが含まれているものもあります。その記録があれば、次にお店に行ったときに同じスタイルの違うビールを飲んで、より好みのものを探りやすくなるのです。

好みを探すために行うことですから、飲んだビールがおいしかったか、おいしくなかったかは重要な情報です。おいしかったビールを並べることで、傾向を把握できるからです。

とはいっても、いちいちメモをするのは難しいですよね。一番簡単に記録する方法は、ラベルを写真に撮ることです。ドラフトビールではない場合、お店によっては注いだ後の瓶を一緒に持ってきてくれるところもあります。そうしたら、パシャッと写真を撮りましょう。これなら多少酔っ払っていても何とかなります。後から写真を見て、これはおいしかった、これは口に合わなかったと分類すればいいのです。楽なのは「おいしかったアルバム」と「いまいちだったアルバム」を作り、写真をそこに放り込んでいくことでしょうか。

もちろん、ビアバーやイベントで写真を撮るときには、お店の人に一声かけてからにしましょう。店内では他のお客様の迷惑になりますので、フラッシュは厳禁です。

こうして飲んだお酒の記録をまとめると、自分用の優れた資料になります。自分の好みの傾向がつかめてきたら、次なるビールを求めて街へ出かけましょう！

自信を持って好きなお酒を好きと言おう

20時間目でもお話ししましたが、味覚は人によって異なります。なので、この記録の内容が、いわゆるプロの表現とは異なっていても全く問題はありません。違うのが気になるのなら、これからプロの表現へと近づいていけばいいのです。

自分のための記録なのですから、今の自分はこう味わった、この味わいが好き、ということに、誰からも文句を言われる筋合いはありません。自分が好きなお酒を、自信を持って好きと言えるようになりましょう。

さて、これで白熱ビール教室はおしまいです。長々とおつきあいいただきありがとうございました。ビールは何よりも笑顔が似合うお酒です。みなさまの今後のビールライフが笑顔で包まれたものになる、その一助に本書がなれば幸いです。

それでは楽しいビールライフを！

あとがき

今の日本のビールは、とんでもないことになっています。毎月のように開かれるイベント、毎月のように発売される新しいビール、そして次々と登場するおいしいクラフトビール。本当に、黄金期を迎えつつあると言っても過言ではありません。でも、あまりにも急速に広まりつつあるのと、世界中のビールも含めて見ると種類が多すぎて、何を飲んだらいいのかわからないのも事実です。本書はそんな人のために、その流れに乗らないのはどうしてもったいないのか、どうやってビールを楽しむのか、そして何を知っていたら好みのビールを探すことができるのかということを重点に置いて書きました。楽しんでいただけたら幸いです。

ビールほど五味の味わいバランスがとれたお酒はそうそうありません。そのため、どんな人でも必ずや好みのビールが見つかります。とはいっても、好みはそれぞれですから、好きになるビールはそれぞれ違うことでしょう。本書ではなるべく個々のビールを紹介するカタログのような本を目指すというよりは、飲んでビールを楽しむときにどういうことを知っていたらいいのかを意識して作りました。

この本は非常に多くの人の協力で作り上げられています。特に今回は監修を引き受けてくださったビアジャーナリストの悪人《あくにん》ちゃん（三代目悪人さん）こと、大橋勝宏《おおはしかつひろ》さんに大変お世話になりました。連日の質問攻めにも快く答えていただき、助かりました。厚く御礼申し上げます。他にも、さまざまな飲食店や酒販店、醸造所、セミナーなどで教わったことがなければ本書は決して完成しなかったと思います。

また、この本の制作に直接携わってくださった皆様にもこの場を借りて御礼申し上げます。素敵なイラスト・漫画を描いてくださったアザミユウコさん、素敵な帯のデザインをしてくださった吉岡秀典《よしおかひでのり》様と榎本美香《えのもとみか》様、読みやすい文字組をしてくださった紺野慎一《こんのしんいち》様、ギリギリのスケジュールを最後まで踏ん張ってくださった編集担当の星海社平林緑萌《ひらばやしもえぎ》様。

そして、何より今回の本を手に取ってくださった皆様。本当にありがとうございます！

それでは今夜もビールを楽しみましょう！

平成28年7月　「むむ教授」こと　杉村啓《すぎむらけい》

〈書　籍〉
・村上満『ビール世界史紀行　ビール通のための15章』（ちくま文庫、2010）
・渡淳二『ビールの科学　麦とホップが生み出すおいしさの秘密』（講談社ブルーバックス、2009）
・日本ビール文化研究会監修『改訂新版　日本ビール検定公式テキスト』（実業之日本社、2014）
・藤原ヒロユキ『藤原ヒロユキのBEER HAND BOOK』（株式会社ワイン王国、2015）
・マイケル・ジャクソン著　渡辺純編集協力　ブルース原田訳『世界の一流ビール　500』（ネコ・パブリッシング、2003）
・地ビール完全ガイド制作委員会『ニッポンの地ビール』（株式会社アスキー、2007）
・トム・スタンデージ著　新井崇嗣訳『世界を変えた6つの飲み物　ビール、ワイン、蒸留酒、コーヒー、紅茶、コーラが語るもうひとつの歴史』（インターシフト、2007）
・リース恵実『ビールにまつわる言葉をイラストと豆知識でごくっと読み解く　ビール語事典』（株式会社誠文堂新光社、2016）
・安中千絵『やせたい人は、今夜もビールを飲みなさい』（PHP研究所、2012）
・ぴあMOOK『クラフトビールぴあ』（ぴあ、2015）
・dancyu特別編集『新しいクラフトビールの教科書』（株式会社プレジデント社、2015）
・杉村啓『白熱日本酒教室』（星海社新書、2014）
・杉村啓『白熱洋酒教室』（星海社新書、2015）

〈論文等〉
・伏木亨「ネズミにビールの味がわかるか」（『FFIジャーナル』167号、1996）
・中津川憲一「ビールの抗酸化力」（『學苑』902号、2015）
・大塩武「ラガーの生ビール化とキリンとアサヒのシェア逆転　──村井勉、樋口廣太郎、そして瀬戸雄三のマネジメントに即して──」（『明治学院大学経済研究』151号、2016）

〈漫　画〉
・アザミユウコ『酩酊ガール』（幻冬舎コミックス、2016）

・石川雅之『もやしもん』（講談社イブニングKC）

〈同人誌〉

・三代目悪人（サークル「悪人酒場」）『ビールを知る本』
・三代目悪人（サークル「悪人酒場」）『ドイツビールを知る本』
・三代目悪人（サークル「悪人酒場」）『甘いビールを知る本』シリーズ
・三代目悪人（サークル「悪人酒場」）『クラフト缶ビールの世界』シリーズ
・ランカ★野鳥の会、マテバ牛乳（サークル「さくらぢま」）『ビアオク』シリーズ
・ランカ★野鳥の会、マテバ牛乳（サークル「さくらぢま」）『ビアカク』シリーズ
・なお、たかえにゃん（サークル「唐花草」）『くらびー』シリーズ

〈ウェブサイト〉

・アサヒビール（http://www.asahibeer.co.jp/）
・キリンビール（http://www.kirin.co.jp/）
・サッポロビール（http://www.sapporobeer.jp/）
・サントリービール（http://www.suntory.co.jp/beer/）
・BREWERS ASSOCIATION（https://www.brewersassociation.org/）
・BJCP Style Guidelines（http://www.bjcp.org/stylecenter.php）
・酒税法（http://law.e-gov.go.jp/htmldata/S28/S28HO006.html）
・酒税法における酒類の分類及び定義、酒税率一覧表
・国税庁課税部酒税課「酒のしおり」（https://www.nta.go.jp/shiraberu/senmonjoho/sake/shiori-gaikyo/shiori/2015/index.htm）
・ＪＢＡ全国地ビール醸造社協議会（http://www.beer.gr.jp/）

・OKTOBERFEST２０１６日本公式サイト（http://www.oktober-fest.jp/）
・日本地ビール協会（http://www.beertaster.org/）
・ビール酒造組合（http://www.brewers.or.jp/）
・公益財団法人　通風財団（http://www.tufu.or.jp/）
・高尿酸血症・痛風の治療ガイドライン（http://www.tufu.or.jp/medical/guideline/）
※その他、各お酒のメーカーなど、多くのウェブサイトを参考にさせていただきました

白熱《はくねつ》ビール教室《きょうしつ》

二〇一六年 七 月二五日 第 一 刷発行

著　者　杉村啓《すぎむらけい》

発行者　藤崎隆《ふじさきたかし》・太田克史《おおたかつし》

編集担当　平林緑萌《ひらばやしもえぎ》

監　修　三代目悪人《さんだいめあくにん》（大橋勝宏《おおはしかつひろ》）

発行所　株式会社星海社
〒一一二-〇〇一三
東京都文京区音羽一-一七-一四 音羽YKビル四階
電　話　〇三-六九〇二-一七三〇
FAX　〇三-六九〇二-一七三一
http://www.seikaisha.co.jp/

発売元　株式会社講談社
〒一一二-八〇〇一
東京都文京区音羽二-一二-二一
（販 売）〇三-五三九五-五八一七
（業 務）〇三-五三九五-三六一五

印刷所　凸版印刷株式会社

製本所　株式会社国宝社

アートディレクター　吉岡秀典《よしおかひでのり》（セプテンバーカウボーイ）

デザイナー　榎本美香《えのもとみか》

フォントディレクター　紺野慎一《こんのしんいち》

漫　画　アザミユウコ

校　閲　鷗来堂《おうらいどう》

ISBN978-4-06-138591-7

Printed in Japan

87

SEIKAISHA SHINSHO

星海社新書ラインナップ

56 白熱日本酒教室 杉村啓

今、世界一面白い酒は“日本酒”だ！

全国各地の蔵元の伝統と創意工夫、そして最新の醸造技術の結晶である日本酒は、日々進化し続けています。古い知識はおさらば！ 日本文化の最先端を、新しい知識とともに味わいましょう！

74 白熱洋酒教室 杉村啓

人生を変える一杯は、必ず見つかる。

ウイスキー、ラム、ブランデー……世界中で愛される蒸留酒。「度数が高いから」「難しそうだから」で敬遠するのはもったいない！　味覚を育てながら、最高の一杯を探しましょう！

84 インド人の謎 拓徹

なぜ、カレーばかり食べているのか？

神秘、混沌、群衆……とかく謎めいたイメージのつきまとうインドですが、神秘のヴェールを剥いでしまえば「普通の国」!? インド滞在12年、気鋭の著者による圧倒的インド入門書！

次世代による次世代のための

武器としての教養
星海社新書

星海社新書は、困難な時代にあっても前向きに自分の人生を切り開いていこうとする次世代の人間に向けて、ここに創刊いたします。本の力を思いきり信じて、みなさんと**一緒に新しい時代の新しい価値観を創っていきたい。若い力で、世界を変えていきたいのです。**

本には、その力があります。読者であるあなたが、そこから何かを読み取り、それを自らの血肉にすることができれば、一冊の本の存在によって、あなたの人生は一瞬にして変わってしまうでしょう。**思考が変われば行動が変わり、行動が変われば生き方が変わります。**著者をはじめ、本作りに関わる多くの人の想いがそのまま形となった、文化的遺伝子としての本には、大げさではなく、それだけの力が宿っていると思うのです。

沈下していく地盤の上で、他のみんなと一緒に身動きが取れないまま、大きな穴へと落ちていくのか？　それとも、重力に逆らって立ち上がり、前を向いて最前線で戦っていくことを選ぶのか？

星海社新書の目的は、**戦うことを選んだ次世代の仲間たちに「武器としての教養」をくばることです。**知的好奇心を満たすだけでなく、自らの力で未来を切り開いていくための〝武器〟としても使える知のかたちを、シリーズとしてまとめていきたいと思います。

2011年9月

星海社新書初代編集長　柿内芳文

SEIKAISHA SHINSHO